WISSEN *leicht gemacht*

GESCHICHTE DER RAUMFAHRT

TATJANA ALISCH

Compact Verlag

Chefredaktion: Dr. Angela Sendlinger
Redaktion: Alice Hassel
Produktion: Wolfram Friedrich
Abbildungen: dpa Picture-Alliance GmbH, Frankfurt;
Gruppo Editoriale Fabbri, Mailand; Lidman Productions, Stockholm;
NASA; Compact Verlag, München
Titelabbildungen: dpa Picture-Alliance, Frankfurt;
Compact Verlag, München
im Uhrzeigersinn: Space Shuttle Atlantis; ISS;
Neil Armstrong, Michael Collins und Edwin Aldrin;
Erde vom Mond aus gesehen
Gestaltung: Axel Ganguin
Umschlaggestaltung: Hartmut Baier

ISBN 978-3-8174-6693-1
5466931

Besuchen Sie uns im Internet: www.compactverlag.de

Inhalt

Der Weltraum – unendliche Weiten

„Dies ist ein kleiner Schritt für einen Menschen, aber ein riesiger Sprung für die Menschheit." Mit diesen Worten betrat am 21. Juli 1969 um 3 Uhr 56 MEZ der Amerikaner Neil Armstrong den Mond und machte damit einen der ältesten Träume der Menschheit wahr: den Traum von der Reise zu den Sternen. Mittlerweile ist es schon beinahe 40 Jahre her, dass erstmals ein Mensch seinen Fuß auf einen anderen Himmelskörper gesetzt hat. Seit jeher ist die Reise zu den Sternen einer der größten Menschheitsträume. So galt es in den Mythen der Römer und Griechen als die größte Belohnung für die Taten eines antiken Helden bzw. als höchster Liebesbeweis eines Gottes, als Sternbild an den Himmel versetzt zu werden – nicht umsonst sind sämtliche Jupitermonde nach den Geliebten des obersten Gottes der Antike benannt.

Durchbrechung der mittelalterlichen Welt

In neuerer Zeit war es vor allem der Mond, der die Fantasie der Menschen anregte. Um ihn ranken sich daher nicht nur zahllose Sagen, Mythen und Geschichten der Völker, selbst in Opern (*Die Welt auf dem Monde* von Joseph Haydn, 1777) und Operetten (*Frau Luna* von Paul Lincke, 1899) oder in Kinderbüchern (*Der kleine Häwelmann* von Theodor Storm, 1849, und *Peterchens Mondfahrt* von Gerdt von Bassewitz, 1912) war das Thema immer wieder präsent. Am bekanntesten aber sind zweifellos die Werke Jules Vernes (1828–1905), des „Vaters der modernen

Science-Fiction-Literatur". Seine beiden Bücher *Von der Erde zum Mond* (1865) und *Reise um den Mond* (1869) lösten in ganz Europa eine kaum vorstellbare Begeisterungswelle für die Raumfahrt aus, die über Jahrzehnte erhalten bleiben sollte. Im Gegensatz zu den Werken anderer Autoren können seine Bücher als „seriöse" Raumfahrtliteratur angesehen werden, da sie technisch und wissenschaftlich auf dem Stand der damaligen Forschung sind. Tatsächlich wurden die Werke Jules Vernes sogar zum Auslöser für die Forschungen der drei großen Raumfahrtpioniere Konstantin Ziolkowski, Hermann Oberth und Robert Goddard.

Jules Verne

Doch während mit dem Beginn des 20. Jahrhunderts das Wissen über das Universum immer größer und die Möglichkeiten zu seiner Erforschung immer konkreter wurden, wurde die Fantasie der Menschen dadurch nur noch weiter angeregt. Mit dem neuen Medium des Films eröffneten sich zur gleichen Zeit ganz neue Möglichkeiten, diese Fantasien auch künstlerisch umzusetzen. *Die Reise zum Mond* (*Le Voyage dans la Lune*, 1902), *Frau im Mond* (1929), *Flash Gordon* (1936–40), *Raumschiff Enterprise* (*Star Trek*, ab 1966) oder *Krieg der Sterne* (*Star Wars*, 1977–2005) – sie alle erzählen von den Abenteuern der Menschen in bislang unerforschten Bereichen des Universums, und gehörten zu den erfolgreichsten Filmen oder Fernsehserien ihrer Zeit. Denn die Rätsel unserer Erde sind weitgehend gelöst, doch die Geheimnisse des Universums werden niemals vollständig enthüllt werden können.

Das Universum

Die Dimensionen des Universums sind für einen normalen Menschen unvorstellbar, und es wird niemals möglich sein, es auch nur annähernd zu erforschen. Irdische Maßstäbe verlieren hier ihre Bedeutung, die einzige sinnvolle Maßeinheit ist das Lichtjahr (9,461 mal 10 hoch 12 Kilometer).

Das Universum

Allein schon die Entfernungen in unserem Sonnensystem, das nur einen winzigen Teil unserer Galaxie, der Milchstraße, ausmacht, sind gigantisch: So beträgt der mittlere Abstand zwischen Erde und Sonne etwa 150 Millionen Kilometer oder 8 Lichtminuten, bis zum Ende des Sonnensystems ist es noch 100.000-mal so weit. Die Sonne, die einen Durchmesser von 1,39 Millionen Kilometern hat und deren Masse von 1,989 mal 10 hoch 30 Kilogramm dem 333.000-Fachen der Erdmasse bzw. beinahe 99,9 Prozent der Masse unseres gesamten Sonnensystems entspricht, ist nur einer unter zahllosen anderen Sternen. Mehr als 100 Milliarden Sterne gibt es in unserer Galaxie, die als Doppelsterne oder Sternenhaufen dabei stets einem größeren System angehören.

Das Sonnensystem, zu dem auch unsere Erde gehört, ist ein solches Sternensystem. Es entstand vor etwa 4,5 Milliarden Jahren. Acht Planeten, darunter die Erde, umkreisen die Sonne, die durch ihre Schwerkraft die Planeten und Millionen von Asteroiden und Kometen auf ihren Bahnen hält. Unserem Sonnensystem am nächsten ist das Sternbild Zentaur. Der Stern Alpha Centauri, der am sonnennächsten gelegen und in Wirklichkeit ein System von drei Sternen ist, ist 4,3 Lichtjahre von uns entfernt. Aufgrund seiner relativen „Nähe" ist Alpha Centauri immer wieder ein Thema von Filmen und Videospielen. Über hundert Sterne befinden sich in der Nachbarschaft der Sonne in einem Umkreis von 20 Lichtjahren. Mindestens fünf von ihnen sind sonnenähnlich, der weitaus größere Teil ist jedoch wesentlich kleiner.

Sie alle sind Teil der Milchstraße, die sich als helles, wolkenähnliches Band über den gesamten Sternenhimmel zieht. In klaren, wolkenlosen Nächten ist sie auch mit dem bloßen Auge gut zu erkennen. Die Milchstraße ist eine flache, sich ständig drehende Spirale mit mehreren Armen, die in der Mitte, dem Bulge, verdickt ist. Ihr Zentrum liegt im Sternbild des Schützen, ist aber hinter dunklen Gaswolken verborgen, sodass man sich nur mithilfe von Messungen im Radiowellen-, Infrarot- und Röntgenstrahlenbereich ein Bild davon machen kann. Aufgrund einer sehr starken Quelle von Radiowellen in Kombination mit einer äußerst hohen Massekonzentration auf einem sehr kleinen Gebiet wird vermutet, dass sich hier ein supermassives schwarzes Loch befindet. Nach Beobachtungen mit dem Chandra-Röntgenteleskop im Januar 2005 wird mittlerweile davon ausgegangen, dass sich dort 10.000 bis 20.000 schwarze Löcher befinden, die in einem Umkreis von nur 70 Lichtjahren um das zentrale schwarze Loch kreisen.

Unsere Galaxie

Die Milchstraße ist so ungeheuer groß, dass man selbst mit Lichtgeschwindigkeit 100.000 Jahre bräuchte, um sie ganz zu durchqueren. Die Sonne liegt etwa

? Schon gewusst?

Ihren Namen erhielt die „Milchstraße" bereits in der Antike; er stammt aus der griechischen Mythologie. Zeus, der Göttervater, habe seinen unehelichen Sohn Herakles heimlich zum Trinken an die Brust seiner Gattin Hera gelegt, als sie schlief. Herakles, der von menschlicher Herkunft war, sollte auf diese Weise göttliche Kräfte erhalten. Als Hera davon erwachte, stieß sie das fremde Kind zurück, wobei sie einen Strahl ihrer Milch (altgriech. gala, „Milch") über den ganzen Himmel verspritzte. In unserem Sprachgebrauch hat sich das Wort „Galaxis" als Synonym für die Milchstraße erhalten, während wir die Sternensysteme allgemein als Galaxien bezeichnen.

Die Entstehung der Milchstraße *von Jacopo Tintoretto*

26.000 Lichtjahre vom Zentrum der Milchstraße entfernt im Orionarm, der Abzweigung eines der Spiralarme der Galaxie.

Die ganze Galaxie ist von einem kugelförmigen Halo (altgriech. halo, „Lichthof") mit einem Durchmesser von 165.000 Lichtjahren umgeben, in dem sich neben etwa 150 Kugelsternhaufen alte Sterne und Gas mit sehr geringer Dichte befinden.

Neben der Milchstraße gibt es viele Milliarden anderer Galaxien. Eine von ihnen kann man sogar mit bloßem Auge erkennen: den Andromedanebel. Ebenso wie die Sterne sind auch die Galaxien durch die Schwerkraft zu größeren Gruppen vereint. Mit mehr als 40 anderen Galaxien, deren größte der Andromedanebel ist, bildet die Milchstraße die sogenannte Lokale Gruppe. Milchstraße und Andromedanebel sind rund 2,5 Millionen Lichtjahre voneinander entfernt und werden in etwa zehn Milliarden Jahren miteinander verschmolzen sein. Zu der Lokalen Gruppe gehören auch die Große und die Kleine Magellansche Wolke und die Sagittarius-Zwerggalaxie. Die Lokale Gruppe wiederum liegt am Rand des Virgo-Superhaufens. Superhaufen sind die mächtigsten Strukturen im Weltall, gewaltige Ansammlungen von Galaxienhaufen und

? Schon gewusst?

Nicht nur die Entfernungen, auch die Geschwindigkeiten, mit denen sich die Erde und die anderen Himmelskörper durch das Weltall bewegen, übersteigen jegliche Vorstellungskraft. Die Rotationsgeschwindigkeit der Erde beträgt am Äquator 16.666,8 km/h. Gleichzeitig umkreist sie die Sonne mit 107.280 km/h. Dabei ist die Sonne zwar innerhalb unseres Sonnensystems unbeweglich, doch innerhalb der Milchstraße bewegt sie sich gemeinsam mit dem gesamten Sonnensystem mit 69.840 km/h auf das Sternbild Herkules zu. Außerdem umkreist sie – so wie die Erde die Sonne – das Zentrum der Milchstraße. Eine solche Umkreisung dauert allerdings trotz einer Geschwindigkeit von 792.000 km/h aufgrund der ungeheuren Dimensionen 225 Millionen Jahre. Die Milchstraße wiederum umkreist den Andromedanebel mit 950.400 km/h, und die Lokale Gruppe, zu der auch die Milchstraße gehört, umläuft den Virgo-Superhaufen mit 1.692.000 km/h. Mit welcher Geschwindigkeit sich dieser wiederum bewegt, ist nicht bekannt, doch kann man davon ausgehen, dass auch er nicht stillsteht, ebenso wie das ganze uns bekannte Universum. Ursache für sämtliche Bewegungen im Weltall ist die Gravitation.

-gruppen. Der Durchmesser des Virgo-Superhaufens wird auf 150 Millionen Lichtjahre geschätzt. Allein der zentrale Haufen, der sich in seinem Zentrum um die Virgo (Jungfrau) gruppiert, besteht aus mehr als 2000 Galaxien.

Vom Mittelpunkt der Welt an den Rand der Bedeutungslosigkeit

Schon in frühester Zeit erkannten die Menschen, dass zwischen dem Lauf der Gestirne und dem Wandel der Jahreszeiten Zusammenhänge bestehen. Noch war zwar der Himmel für sie eine Halbkugel, die sich über die Erde spannte und an der die Himmelskörper ihre vorgeschriebenen Bahnen zogen, dennoch begannen sie, die Veränderungen und die Wiederkehr der Sternenkonstellationen zu beobachten.

Weltbild früher Hochkulturen

Besonders für die alten Ägypter war die Beschäftigung mit der Astronomie ein grundlegender Teil ihrer Religion, doch auch die antiken Kulturen anderer Länder, sei es in Europa oder in Südamerika – man denke nur an die mächtigen jungsteinzeitlichen Megalithkreise von Stonehenge, an die bronzezeitliche Himmelsscheibe von Nebra oder an die astronomischen Kalender der Maya und Azteken –, waren sich schon früh der Existenz dieser Zusammenhänge bewusst.

Kalenderstein der Azteken

Antike

Jahrtausendelang waren die Menschen davon überzeugt, dass die Erde der Mittelpunkt der Welt ist und dass nicht nur der Mond, sondern auch die Sonne, die Planeten und alle anderen Sterne um sie herum ihre Bahnen ziehen. Doch bereits in der Antike wurde das geozentrische Weltbild erstmals in Zweifel gezogen. Der griechische Philosoph Aristarchos von Samos (ca. 310–230 v. Chr.) beschrieb in einem leider verloren gegangenen Werk das Modell eines heliozentrischen (altgriech. helios, „Sonne“) Weltalls, in dem die Erde und die Planeten um die Sonne kreisen. Seine Lehren stießen aber fast überall auf Unglauben, vor allem, da andere bedeutende Philosophen wie z. B. Aristoteles (ca. 384–322 v. Chr.) von einem geozentrischen Weltbild ausgingen.

Heliozentrische Weltsicht

Viele Jahrhunderte lang blieb man nun weiter bei der Überzeugung von der Erde als dem Zentrum der Welt. Zu Beginn des 16. Jahrhunderts war es dann eher ein Zufall, als Nikolaus Kopernikus die zentrale Position der Sonne entdeckte. Um 1510 hatte der Astronom begonnen, die Bahnen von Sonne, Mond und Planeten zu berechnen, da diese bisher nicht genau beschrieben worden waren. Sein Interesse an der Astronomie war viele Jahre vorher durch die Lektüre der Schriften des griechischen Mathematikers Claudius Ptolemäus (ca. 100–175) geweckt worden, in denen dieser bereits ein Modell der Planetenbewegungen entworfen hatte.

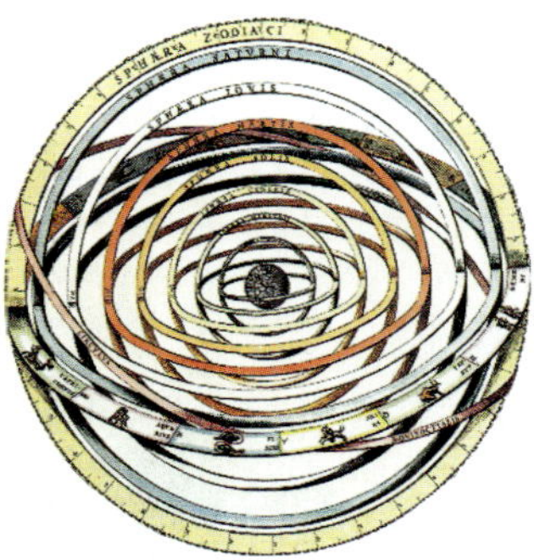

Ptolemäisches Weltbild

Ptolemäus' Thesen erschienen Kopernikus jedoch zu kompliziert, und er begann, während seiner Amtszeit als Frauenburger Domherr des Nachts mit selbst gebauten Instrumenten die Positionen von Sternen und Planeten zu bestimmen. Lange feilte Kopernikus an seinen Berechnungen, doch schien er der Entdeckung des angestrebten einfachen Weltensystems einfach nicht näher kommen zu können. Dann jedoch stieß er in den alten Schriften auf den Gedanken vom heliozentrischen Weltbild. Kopernikus begann, in diese Richtung weiterzuforschen, und versuchte, seine Ergebnisse mit seinen Beobachtungen des Sternenhimmels in Einklang zu bringen. Und tatsächlich: Nun war es plötzlich kein Problem mehr, ein stimmiges Planetenmodell zu entwerfen. Außerdem entdeckte er, dass sich die Erde auf ihrem Weg um die Sonne auch um ihre eigene Achse dreht. Den ersten Entwurf zu seinem großen Werk *Über die Umwälzungen der himmlischen Sphären* (*De revolutionibus Orbium Coelestium*) überließ er 1514 zunächst nur einigen wenigen Vertrauten, denn die nächsten beiden Jahrzehnte benötigte er noch dazu, seine bahnbrechenden Erkenntnisse mathematisch zu untermauern. Als das Werk 1543 endlich erschien, blieb die erwartete öffentliche Empörung zunächst aus, denn das kopernikanische System galt in Fachkreisen anfänglich nur als eine von vielen Hypothesen

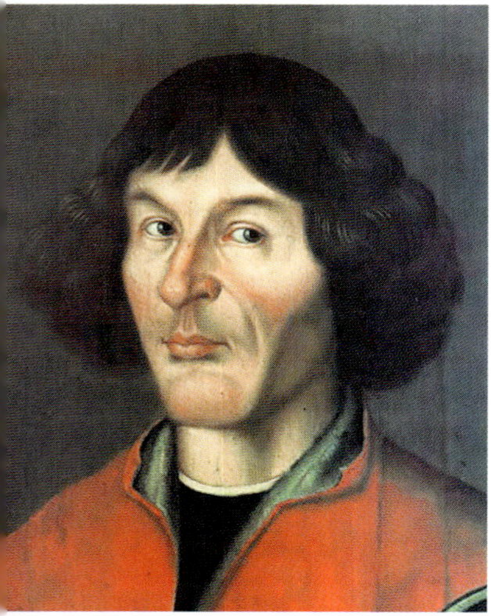

Nikolaus Kopernikus

zur Berechnung der Planetenbahnen. Das geozentrische Weltbild des Aristoteles, das auch dem Bild entsprach, das die Kirche von der Welt hatte, galt allgemein weiter.
War das Wissen aus Kopernikus' Werk zunächst nur einem kleinen Kreis von Wissenschaftlern und Kirchentheoretikern vorbehalten, so sollte sich das spätestens mit dem Auftreten zweier anderer Wissenschaftler ändern, deren Verdienste um die Astronomie nicht minder groß sind: Galileo Galilei und Johannes Kepler.
Vor allem Galileo Galilei war es, der das heliozentrische Weltbild öffentlich als neue maßgebliche Theorie für die Beschaffenheit der Welt propagierte und damit gleichzeitig eine neue Deutung der Bibel einforderte. Durch die

! Nikolaus Kopernikus

Nikolaus Kopernikus wurde am 19. Februar 1473 in der Hansestadt Thorn im heutigen Polen geboren. Nach seinem Mathematik- und Astronomiestudium in Krakau ging er 1496 nach Italien, wo er Rechtswissenschaft und Medizin studierte. 1503 promovierte er in Ferrara in Kirchenrecht und kehrte einige Jahre später in seine Heimat zurück, wo er bis zu seinem Tod am 24. Mai 1543 in Frauenburg kirchliche Ämter bekleidete. Seine eigentliche Leidenschaft war jedoch die Astronomie, die er stets neben seinen Ämtern betrieb. Durch seine Theorie von einem heliozentrischen Weltbild, deren Grundlagen er 1543 erst kurz vor seinem Tod veröffentlichte, wurde er zu einem der bedeutendsten Astronomen der Geschichte. Sein Hauptwerk *Über die Umwälzungen der himmlischen Sphären* wurde 1611 vom Papst auf den Index der verbotenen Bücher gesetzt und erst 1835 von der katholischen Kirche wieder freigegeben. Es gehört zweifellos zu den geistig-naturwissenschaftlichen Grundlagen der Neuzeit.

Entwicklung eines Teleskops war es ihm gelungen, die Beschaffenheit des Mondes und der Planeten näher zu ergründen und mit der Entdeckung der vier großen Jupitermonde obendrein zu beweisen, dass es eindeutig Bewegungen am Himmel gibt, deren zentraler Bezugspunkt nicht die Erde ist. Auch die von ihm entdeckten Phasen der Venus zeigten, dass zumindest dieser eine Planet um die Sonne kreiste.

Galileo Galilei

Für die Kirche war das kopernikanische Modell keineswegs neu, vielmehr wurde es auch dort bereits seit über 50 Jahren als mögliches Weltmodell diskutiert. Auslöser für den Inquisitionsprozess von 1616, in dem der Heliozentrismus schließlich als ketzerisch verboten wurde, war jedoch ein Werk des Klerikers Paolo Antonio Foscarini (ca. 1565–1616), in dem er die Vereinbarkeit der kopernikanischen Astronomie mit der Bibel beweisen wollte.

Galileo und Kepler

Da es Galilei durchaus bewusst war, welche Probleme ihm eine öffentliche Diskussion über die Vereinbarkeit von kopernikani-

! Galileo Galilei

Galileo Galilei wurde am 15. Februar 1564 in Pisa geboren und in einem Benediktinerkloster aufgezogen. 1584 brach er das Medizinstudium, das er auf Wunsch seines Vaters in Pisa begonnen hatte, ab und begann in Florenz ein Mathematikstudium. Daneben beschäftigte er sich bereits mit Problemen aus der Mechanik und der Hydraulik. Als Lektor für Mathematik kehrte er an die Universität von Pisa zurück, baute dort zahlreiche physikalische Instrumente und machte Versuche zu den Pendelgesetzen und zum freien Fall. Er korrespondierte mit Johannes Kepler und bezeichnete Nikolaus Kopernikus als seinen Lehrmeister. Sein Interesse an der Astronomie wuchs weiter, nachdem es ihm 1609 gelungen war, ein Fernrohr zu entwickeln, das er zur Beobachtung der Gestirne benutzte.
Aufgrund der zahlreichen Entdeckungen, die Galilei mit seinem Teleskop machte, wurde er bei einem Besuch in Rom 1611 zum Mitglied der neu gegründeten naturwissenschaftlichen Accademia Nazionale dei Lincei ernannt.

schem Weltbild und herkömmlicher Bibelauslegung einbringen konnte, hielt er sich zunächst etwas zurück. Bis zum Beginn der 1630er-Jahre hielt er sich an die Vorgaben der Kirche, das heliozentrische System als bloßes mathematisches Modell zu behandeln, und wurde sogar von Papst Urban VIII. dazu ermutigt, Schriften zu diesem Thema zu veröffentlichen. Sein *Dialogo di Galileo Galilei sopra i due Massimi Sistemi del Mondo Tolemaico e Copernicano* (*Dialog über die zwei wichtigsten Weltsysteme, das ptolemäische und das kopernikanische*) ging dann jedoch weit über diese Vorgaben hinaus, und Galilei musste in dem Prozess, der im Juni 1633 gegen ihn angestrengt wurde, seinen Ansichten abschwören, um wenigstens sein Leben zu retten. Bis zu seinem Tod am 8. Januar 1642 blieb er unter Hausarrest. Sein letztes Buch, die *Discorsi e dimostraioni matematiche* (*Unterredungen und mathematische Demonstrationen*), wurde 1638 in Leiden in den Niederlanden veröffentlicht, nachdem es heimlich aus Italien hinausgeschmuggelt worden war.

Johannes Kepler

! Johannes Kepler

Friedrich Johannes Kepler wurde am 27. Dezember 1571 in Weil der Stadt geboren. Sein Vater, Sohn eines ehemaligen Bürgermeisters der Stadt und reisender Händler, verließ schon früh die Familie. Seine Mutter Katharina, eine Gastwirtstochter und Kräuterfrau, die im Alter von 69 Jahren der Hexerei angeklagt wurde, weckte in ihrem Sohn das Interesse an der Astronomie und zeigte ihm den Kometen von 1577 und die Mondfinsternis von 1580. In Tübingen studierte Kepler zunächst evangelische Theologie und dann Mathematik und Astronomie, wo ihn sein Lehrer Michael Maestlin (1550–1631) mit den Kopernikanischen Gesetzen vertraut machte. Nach einer Lehrtätigkeit in Tübingen und Graz wurde er zunächst der Gehilfe von Tycho Brahe (1546–1601) in Prag und nach dessen Tod sein Nachfolger. Am 15. November 1630 starb er in Regensburg.

Johannes Kepler entdeckte ungefähr zur gleichen Zeit einen grundlegenden Fehler in Kopernikus' Berechnungen. Denn er bemerkte, dass die Planeten nicht auf kreisförmigen, sondern auf elliptischen Bahnen um die Sonne zogen. Dies ließ sich nur dadurch erklären, dass auch innerhalb des Weltraums verschiedene Kräfte aufeinander wirkten.
1596 veröffentlichte er sein erstes astronomisches Werk, das *Mysterium cosmographicum*, ab 1609 folgten seine Veröffentlichungen über die Planetenbewegungen und deren Gesetze (*Astronomia nova*, *Harmonices mundi*, *Tabulae Rudolphinae*).

Weitere Grundlagen

Vor allem die Entdeckungen Keplers waren die Grundlage für die Erkenntnisse eines der größten Universalgelehrten der Geschichte. Ohne die Gravitations- und Bewegungsgesetze (Wechselwirkungsgesetz, Trägheitsgesetz, Kraftgesetz), die Isaac Newton in seiner *Philosophiae Naturalis Principia Mathematica* 1687 veröffentlichte und die den Grundstein der klassischen Mechanik bildeten, wären weder Bahnberechnungen für Raumfahrzeuge noch Messungen der Schubkraft von Raketentriebwerken möglich. Die Eigenbewegung der Erde konnte erst 1729 von James Bradley (1693–1762) anhand der stellaren Aberration gegenüber Fixsternen bewiesen werden.
Wesentlich länger war wiederum schon bekannt, dass die Erde entgegen früheren Vorstellungen keine Scheibe, sondern eine Kugel ist. Den Beweis dafür wollte aber nicht erst Kolumbus mit seiner

! Isaac Newton

Isaac Newton wurde am 4. Januar 1643 auf einem Bauernhof in Woolsthorpe geboren. Da er sich nicht für die Landwirtschaft eignete, ließ ihn sein Onkel in Cambridge Mathematik studieren. Im Anschluss an sein Studium übernahm er dort eine Stelle als Professor. Gleichzeitig entwickelte er auf der Basis der Arbeiten von Galilei und Kepler neue grundlegende Theorien über die Gravitation und die Optik sowie über die Grundlagen der Differenzial- und Integralrechnung. 1687 veröffentlichte er sein berühmtes Hauptwerk *Philosophiae Naturalis Principia Mathematica* (*Mathematische Gesetze der Naturwissenschaft*), 1707 erschien sein wichtigstes mathematisches Buch, die *Arithmetica Universalis*. Seit 1689 war Isaac Newton außerdem königlicher Münzmeister und ab 1703 Präsident der Royal Society in London. Am 31. März 1727 starb er in Kensington.

Fahrt nach Indien, die dann in die Entdeckung Amerikas mündete, antreten. Mehr als eineinhalb Jahrtausende früher war dieser Beweis bereits erbracht worden. Der griechische Mathematiker Eratosthenes (ca. 275–195 v. Chr.) bewies diese Tatsache bereits im Jahr 246 v. Chr., als er am 21. Juni, dem Tag der Sonnenwende, genau um die Mittagszeit Messungen an den Schatten zweier ägyptischer Obelisken, die sich in etwa auf dem gleichen Längengrad befanden, vornehmen ließ. Während der Obelisk in dem südlicher gelegenen Syene keinen Schatten warf, war dies bei dem Obelisken in Alexandria schon der Fall. Aus der gemessenen Schattenlänge und der Distanz der beiden Obelisken voneinander errechnete Eratosthenes dann sowohl den Winkel der Erdkrümmung als auch den Erdumfang, wobei die von ihm errechnete Länge von 39.375 Kilometern dem genauen Erdumfang von 40.047 Kilometern sehr nahe kam. Da die Schwerkraft damals jedoch noch nicht bekannt war und man sich nur schwer vorstellen konnte, dass die Menschen von der unteren Seite der Erde nicht hinunterfallen würden, fand Eratosthenes kaum jemanden, der ihm dies glaubte. Die Vorstellung von der Kugelgestalt der Erde ist aber sogar noch 300 Jahre älter. Aufgrund eigener Beobachtungen

Eratosthenes

und philosophischer Betrachtungen kam schon der Grieche Pythagoras (ca. 580–500 v. Chr.) zu der Überzeugung, dass die Erde eine Kugel ist. Beweisen konnte er seine These allerdings nicht.

Immer weiter dringen die Menschen heute in die Geheimnisse des Universums ein, doch die Fragen, die sich ihnen dabei auftun, werden immer größer und die Antworten immer ungeheuerlicher. Die Erde, das ist nun bereits seit Jahrhunderten bekannt, ist nur ein Staubkorn im Vergleich zu den Dimensionen des Weltalls, ein Himmelskörper ohne jegliche Bedeutung für das Ganze des Universums. Doch auch noch etwas anderes haben die Forschungen gezeigt: Nirgendwo sonst konnten bisher Spuren von Leben entdeckt werden.

Ein Blick in die Unendlichkeit

Seit frühester Zeit haben die Menschen hinauf zu den Sternen geblickt und wurden sich dabei der engen Zusammenhänge zwischen dem Lauf der Gestirne und den Veränderungen im Ablauf des Jahres auf der Erde bewusst. Der Erste, der die Sterne zählte und katalogisierte, war **Claudius Ptolemäus**, der in seiner *Megale mathematike syntaxis tes astronomias* (*Große Zusammenfassung der mathematischen Astronomie*) insgesamt 1022 Sterne erfasste. In einer sternklaren Nacht kann man unter idealen Bedingungen und mit ausgezeichneten Augen sogar bis zu 3000 Sterne sehen. Doch die Menschen wussten auch damals schon, dass das, was sie mit dem bloßen Auge erkennen konnten, noch lange nicht alles war.

Der Wunsch, noch mehr zu sehen, war schon lange vorhanden, doch erst zu Beginn des 17. Jahrhunderts war es so weit, dass er erfüllt werden konnte. 1608 stellte der holländische Brillenmacher **Hans Lipperhey** (ca. 1570–1619) dem Rat von Zeeland sein erstes Fernrohr vor und erhielt daraufhin den Auftrag, mehr von diesen neuen optischen Instrumenten anzufertigen. Bereits 1609 wurden diese „Teleskope“

Das galileische Fernrohr

(altgriech. tele, „fern“, skopein, „betrachten“) Lipperheys öffentlich zum Verkauf angeboten. Lipperhey hatte auch ein Patent für seine Erfindung beantragt, das er jedoch nicht erhielt. Denn nur wenige Wochen nach ihm beanspruchten zwei weitere Männer, Jacob Adrianszoon und Zacharias Janssen, das Urheberrecht an dieser Erfindung für sich. Für wie bedeutend diese Erfindung auch damals schon gehalten wurde, zeigte sich nur wenige Jahrzehnte später, als der Streit 1655 in dem Buch *De vero telescopii inventore* (*Über den wahren Erfinder des Fernrohrs*) von Pierre Borel dokumentiert wurde.

Bereits 1609 wurde auch **Galileo Galilei** auf die Erfindung Lipperheys aufmerksam und kaufte sich ein Exemplar davon, um es selbst für seine Zwecke weiterzuentwickeln. Dabei erreichte er im Laufe der Zeit bis zu 33-fache Vergrößerungen. Mit dem galileischen bzw. holländischen Fernrohr gelangen ihm seine sensationellen Entdeckungen der Jupitermonde, der Venusphasen, der Beschaffenheit der Mondoberfläche und viele andere mehr. Da sein Fernrohr allerdings nur über ein relativ kleines Gesichtsfeld verfügte, wird dieses Prinzip heute nur noch bei der Herstellung von Operngläsern und Fernrohrbrillen angewendet. 1611 entwickelte dann sein Kollege und Freund **Johannes Kepler** ein neues Fernrohrmodell, bei dem sowohl Objektiv als auch Okular aus konvexen Sammellinsen mit unterschiedlicher Brennweite bestanden und das bis zu 60-fache Vergrößerungen erzielte. Auch die Formulierung seiner Planetengesetze ist ohne dieses Hilfsmittel kaum vorstellbar. Das Prinzip des keplerschen bzw. astronomischen Fernrohrs wird auch heute noch beim Bau der meisten Ferngläser und Zielfernrohre angewendet, die jedoch zusätzlich mit optischen Elementen ausgestattet sind, die den Bildausschnitt, der hier um 180° gedreht erscheint, wieder aufrecht stellen. Mit den Fortschritten bei der Herstellung von reinen, schlierenfreien Gläsern und bei der Glasbearbeitung (schleifen, polieren usw.) wurde auch der Bau zunehmend leistungsfähigerer Linsensysteme möglich. Und da die mögliche Vergrößerung mit der Objektivbrennweite des Fernrohres steigt, versuchte man außerdem, durch den Bau immer längerer Rohre Vorteile zu gewinnen. Um 1670 konstruierte **Johannes Hevelius** (1611–87) ein über 40 Meter langes Rohr, das sich in der Praxis jedoch nicht besonders bewährte, da schon der leiseste Windstoß die Justierung veränderte.

Ein Nachteil aber war allen Linsenfernrohren gemein: Das Bild eines Sterns war stets von farbigen

Kreisen umgeben, die durch die unterschiedliche Brechung seines Lichtes in der gläsernen Linse verursacht wurden. Deshalb ersetzte **Isaac Newton** die Konvexlinse des Objektivs 1672 durch einen gewölbten Spiegel, da verschiedenfarbiges Licht an Spiegeln gleichartige Brechungseigenschaften aufweist. Gleichzeitig war die Länge seines Spiegelteleskops wesentlich geringer als die eines keplerschen Fernrohrs. 1871 entdeckte **Wilhelm Herschel** (1738–1822) mit einem Spiegelteleskop mit einem Spiegeldurchmesser von ca. 160 Millimetern den Planeten Uranus.

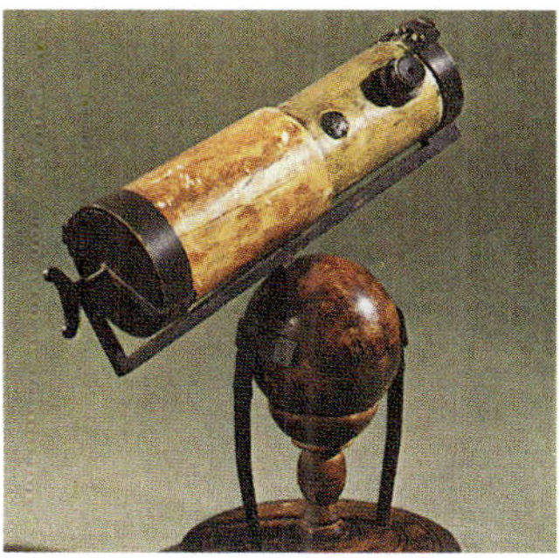

Newtons Spiegelteleskop

Trotz der erwähnten chromatischen Aberrationen hielt man beim Bau der großen Teleskope für Sternwarten auch weiterhin am Prinzip der Linsenfernrohre fest. Dem Problem der Farbabweichungen begegnete 1733 erstmals **Chester Moor Hall** (1703–71) erfolgreich durch die Verwendung unterschiedlicher Glasarten für die verschiedenen Linsen. Der Siegeszug der Linsenfernrohre begann aber erst knapp 100 Jahre später, als es dem deutschen Optiker und Physiker **Joseph von Fraunhofer** (1787–1826) gelungen war, durch eine neue Rührtechnik ungleich größere Linsen für die Refraktoren herzustellen. 1824 wurde in Dorpat im heutigen Estland ein Refraktor mit einem 24,4 Zentimeter großen Objektiv in Betrieb genommen, dem größten, das Fraunhofer jemals hergestellt hatte. Für lange Zeit aber war der 38-Zentimeter-Refraktor des Pulkowo-Observatoriums bei St. Petersburg von 1838 das größte Teleskop der Welt.

Aber auch die Spiegelteleskope wurden erfolgreich weiterentwickelt. Eines der größten der Welt mit einem Durchmesser von 5 Metern wurde 1949 auf dem Mount Palomar in den USA errichtet. Mit ihm konnten Objekte registriert werden, die zehn Milliarden Lichtjahre von uns entfernt sind. Seine Empfindlichkeit ist so hoch, dass selbst Objekte von der Leuchtkraft einer Kerze noch in einer Entfernung von 5000 Kilometern wahrgenommen werden.

Die erste europäische Sternwarte der Neuzeit wurde 1560 von **Wilhelm IV.** von Hessen-Kassel dem Weisen (1532–92) in Kassel eingerichtet. Zu ihren ersten Mitarbeitern gehörten Tycho Brahe und der Uhrmacher und Astronom Jost Bürgi (1552–1632). Die bekannteste Sternwarte der Welt dürfte die von Greenwich sein, die 1675–76 erbaut wurde und die als Bezugspunkt für die Festlegung des Nullmeridians und damit für die Bestimmung der Längengrade diente.

Seit Langem werden neue Observatorien aber nur noch in größeren Höhen errichtet, um so die Empfangsstörungen durch erwärmte oder verschmutzte Luft zu vermeiden, aber auch, um eine möglichst große Entfernung von irdischen Lichtquellen, deren Licht die Beobachtung der Sterne behindert, zu gewährleisten.

Heute sind optische Teleskope nicht mehr die einzigen Instrumente der Himmelsbeobachtung. So werden mithilfe von Radioteleskopen elektromagnetische Wellen im Bereich der Radiowellen gebündelt, sodass auch Signale von weit entfernten Objekten des Universums mit anderen Frequenzen empfangen werden können. Entdeckt wurden die Radiowellen aus dem All 1933 von dem amerikanischen Ingenieur Karl Jansky (1905–50), als er herausfinden wollte, warum manche Radiofrequenzen durch ein ständiges Rauschen beeinträchtigt wurden.

Die übrige elektromagnetische Strahlung wie Gamma-, Röntgen- oder Infrarotstrahlen wird hingegen von der Erdatmosphäre so

Observatorium

? Schon gewusst?

Die erste mit drei Geigerzählern bestückte Forschungsrakete wurde am 18. Juni 1962 von dem italienischen Astrophysiker und Nobelpreisträger Riccardo Giacconi ins Weltall geschossen, die kurz darauf die erste Röntgenquelle außerhalb unseres Sonnensystems aufspürte, den Neutronenstern Scorpius X-1. Zahllose andere Satelliten mit Spezialteleskopen sind ihr in den letzten 47 Jahren gefolgt. Das bedeutendste Weltraumprogramm ist das Great Observatory Program der NASA, das aus vier großen Teleskopen besteht, die unterschiedliche Wellenbereiche abdecken. Das erste von ihnen war das Hubbleweltraumteleskop, das im April 1990 in eine Erdumlaufbahn gebracht wurde und seit einer grundlegenden Korrektur 1993 am 2,4 Meter großen Hauptspiegel Bilder in höchster Präzision von bisher nie gekannten Galaxien aus den Bereichen der Infrarotstrahlung und des sichtbaren Lichts an die Erde sendet. Es ist nach dem US-amerikanischen Astronomen Edwin Powell Hubble (1889–1953) benannt, der als Erster den Nachweis erbrachte, dass neben unserer Milchstraße noch weitere Galaxien existieren. Das 1991 gestartete Compton Gamma-Ray Observatory deckte den Bereich des elektromagnetischen Spektrums zwischen 20 Kilo- und 30 Giga-Elektronenvolt ab, bis es 1999 kontrolliert zum Absturz gebracht wurde und verglühte. Etwa zur gleichen Zeit startete das Chandra X-Ray Observatory, das mit einem Röntgenteleskop ausgestattet ist. Mit ihm konnte im Mai 2007 die bislang energiereichste Supernovaexplosion beobachtet werden. Mit dem Start des Spitzer Space Telescope im August 2003 fand das NASA-Programm seinen Abschluss. Als einziges der vier großen Weltraumteleskope wurde es auf eine Sonnenumlaufbahn befördert, von wo aus es Daten über die auf der Erdoberfläche kaum beobachtbare kosmische infrarote Strahlung sammeln soll.

stark absorbiert, dass sie nur mit Teleskopen empfangen werden kann, die sich im Weltraum befinden.

Mit den heutigen Teleskopen ist es möglich, bis in unvorstellbare Fernen vorzudringen. Doch all das, was wir durch die modernste Teleskoptechnik über das Universum erfahren, ist immer nur ein Blick in die Vergangenheit. Selbst das Bild, das wir von der Sonne haben, ist bereits acht Minuten alt, wenn es bei uns eintrifft, da sich die elektromagnetischen Wellen „nur“ mit Lichtgeschwindigkeit fortbewegen. Die Bilder von unserer Nachbargalaxie, dem Andromedanebel, sind dagegen bereits 2,5 Millionen Jahre alt.

Vom Traum zur Wirklichkeit: Die Väter der Raumfahrt

Drei Männer waren es dann, die am Ende des 19. und zu Beginn des 20. Jahrhunderts, völlig unabhängig voneinander, mit ihren Forschungen die Träume von einer Reise ins All in greifbare Nähe rücken ließen: Konstantin Ziolkowski, Hermann Oberth und Robert Goddard, die heute als die „Väter der Raumfahrt" angesehen werden. Ihre bedeutendsten Erkenntnisse waren dabei die Idee der Flüssigkeitsrakete und die Aufstellung der sogenannten Raketengrundgleichung.

Eduardowitsch Ziolkowski

„Die Erde ist die Wiege der Menschheit, der Mensch kann aber nicht ewig in der Wiege bleiben. Das Sonnensystem wird unser Kindergarten." Diese Worte sind annähernd 100 Jahre alt; sie stammen von dem ältesten der drei großen Wegbereiter der

? Schon gewusst?

Die ersten detaillierten Abhandlungen über Raketen stammen allerdings weder von Konstantin Ziolkowski noch von Hermann Oberth oder Robert Goddard. 1961 wurde im Staatsarchiv von Hermannstadt, Oberths Geburtsort, unter der Signatur „Varia II 374" das *Kunstbuch* des österreichischen Rüstmeisters Conrad Haas (1509–76) entdeckt. In dem handgeschriebenen, zwischen 1529 und 1569 entstandenen Werk beschreibt Haas, der mit der Armee des Habsburger Kaisers Ferdinand I. 1551 nach Siebenbürgen kam und dort die Leitung des Kriegsarsenals übernahm, die beiden Bereiche, in denen zur damaligen Zeit Raketen eingesetzt wurden: als Waffen und als Feuerwerkskörper. An 17 detailgetreu beschriebenen Modellen ging Haas dabei ebenso auf fertigungstechnische Fragen wie auf verschiedenartige Treibstoffgemische ein. Vor allem aber ist das *Kunstbuch* das erste bekannte Buch, in dem das Prinzip der Mehrstufenrakete ausgeführt ist. Das Werk von Conrad Haas nimmt hier bereits vieles von dem vorweg, was erst mehr als 400 Jahre später wissenschaftlich belegt und in die Wirklichkeit umgesetzt werden sollte. Sogar die Idee von einem Raumschiff ist mit seinem „fliegenden Häuschen" vorweggenommen worden.

Raumfahrt, von dem Russen Konstantin Eduardowitsch Ziolkowski (1857–1935).

Konstantin Eduardowitsch Ziolkowski

Der Förstersohn wurde am 17. September 1857 in Ischewskoje in der zentralrussischen Oka-Don-Ebene geboren. Durch eine Scharlacherkrankung wurde er im Alter von zehn Jahren fast vollständig taub und musste deshalb die Schule verlassen. Doch Ziolkowski bildete sich autodidaktisch weiter und seine Eltern schickten ihn schließlich zum Studium nach Moskau. Dort blieb er drei Jahre, in denen er sich mit Physik, Astronomie, Mechanik und Geometrie befasste. Als ihn sein Vater nach Hause holte, wo er dann als Mathematik- und Physiklehrer arbeitete, war Ziolkowski völlig abgemagert. Der begeisterte Leser von Science-Fiction-Romanen hatte fast sein ganzes Geld in Experimente gesteckt, nachdem er erkannt hatte, dass der Weg in den Weltraum nur mithilfe des Rückstoßprinzips der Rakete gelingen würde. Auslöser dafür war eine Physikvorlesung über die Newtonschen Gesetze gewesen.

! Das dritte Newtonsche Gesetz

In seinem berühmtesten Werk, der 1687 erschienenen *Philosophiae Naturalis Principia Mathematica*, beschrieb der englische Physiker, Mathematiker und Astronom Isaac Newton (1643–1727) seine drei Bewegungsgesetze, die als Newtonsche Gesetze das Fundament der klassischen Mechanik bilden: das Trägheitsprinzip („lex prima“), das Aktionsprinzip („lex secunda“) und das Reaktionsprinzip („lex tertia“). Auf dem dritten Newtonschen Gesetz („Kräfte treten immer paarweise auf. Übt ein Körper A auf einen anderen Körper B eine Kraft aus [actio], so wirkt eine gleich große, aber entgegengerichtete Kraft von Körper B auf Körper A [reactio]“), das auch als Wechselwirkungsgesetz oder „Gesetz von actio und reactio“ bekannt ist, beruht das Rückstoßprinzip der Rakete.

Doch auch in seiner Heimat ließ das Thema „Weltraum" Ziolkowski nicht mehr los. Er begann zunächst selbst Weltraumliteratur zu schreiben, ließ dabei aber immer mehr wissenschaftliche Details einfließen, sodass aus seinen Romanen bald wissenschaftliche Abhandlungen wurden. Ab 1885 befasste er sich mit der Realisierung seiner Raumfahrtideen, gleichzeitig entwarf er Pläne für ein Ganzmetallluftschiff und baute in seiner Wohnung den ersten Windkanal Russlands. Der Schwerpunkt seiner Forschungen blieb jedoch stets die Rakete als Vehikel für den Flug in den Weltraum. Im Mai 1903 wurden seine Erkenntnisse in der russischen Zeitschrift *Wissenschaftliche Rundschau* unter dem Titel „Die Erforschung des Weltraums mittels Reaktionsapparaten" veröffentlicht. Bereits 1883 hatte Ziolkowski in seiner Abhandlung *Freier Weltraum* ein Raumschiff mit Rückstoßantrieb beschrieben, doch erst in dem Artikel von 1903 legte er seine Theorien zu den Grundlagen des Raketenfluges, zum Aufbau der Raketen und ihrer Motoren sowie zum Prinzip des Flüssigkeitstriebwerks ausführlich und detailliert dar. Eine der wichtigsten Erkenntnisse war dabei, dass die Schubkraft der bisher für Feuerwerkskörper und militärische Zwecke gebräuchlichen Feststoffraketen niemals ausreichen würde, um bis in den Weltraum vorzudringen. Als mögliche Treibstoffe für eine Flüssigkeitsrakete schlug er Kerosin und flüssigen Sauerstoff bzw. flüssigen Wasserstoff und flüssigen Sauerstoff vor.

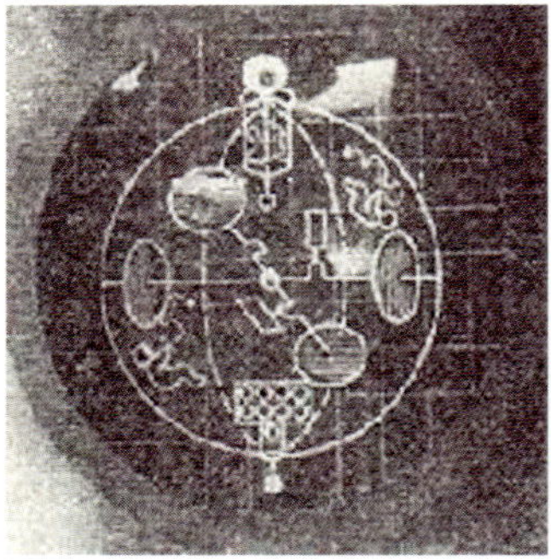

Entwurf eines Raumschiffs aus Freier Weltraum

In späteren Artikeln beschrieb Ziolkowski außerdem einen elektrischen Raketenantrieb sowie ein Triebwerk mit Kernenergie. Er ging auf die Vorteile der Nutzung der Sonnenenergie ein und stellte Berechnungen über den Abschuss künstlicher Satelliten auf die Erdumlaufbahn an. Ungewöhnlich wirklichkeitsnah waren auch seine Vorstellungen von der Schwerelosigkeit.

Konstantin Ziolkowski war auch der Erste, der die sogenannte Raketengrundgleichung aufstellte, die unabhängig von ihm später auch von Hermann Oberth und Robert Goddard bestätigt wurde.

Die Gleichung lautet:
v = ve · ln (Mv / Ml)

Mit ihr ist es möglich, die Endgeschwindigkeit (v) einer Rakete anhand ihrer Startmasse (Mv), der Masse nach dem Verbrauch des Treibstoffs (Ml) und der Ausströmgeschwindigkeit des Gases (ve) zu berechnen. Durch die Anwendung der Raketengrundgleichung zeigte sich bereits damals, dass es zur Steigerung der Nutzlast aufgrund des langsamen Anstiegs der Logarithmusfunktion (ln) effizienter ist, einen Treibstoff mit höherer Ausströmgeschwindigkeit zu benutzen, als auf eine leichtere Bauweise der Rakete zu setzen.

Die Raketengrundgleichung ist zunächst nur für einstufige Raketen gültig. Für die Geschwindigkeitsberechnung bei einer Mehrstufenrakete müssen aber lediglich die Geschwindigkeiten der einzelnen Stufen addiert werden, d. h., jede Stufe wird bei der Berechnung wie eine separate Rakete behandelt. Dass die Anzahl der Raketenstufen aber nicht beliebig erhöht werden kann, erklärt sich neben der Kostenfrage schon allein aus der Tatsache, dass jede Stufe von den unteren Stufen als Ballast mittransportiert werden muss, sodass sich bei jeder zusätzlichen Stufe das Verhältnis von Leermasse und Vollmasse verschlechtert und sich damit gleich-

! Der spezifische Impuls

Heute wird bei der Raketengrundgleichung meist anstelle der Ausströmgeschwindigkeit des Gases der Begriff „spezifischer Impuls“ verwendet. Der Impuls (p) eines Gegenstandes, der sich mit der Geschwindigkeit v bewegt, ist das Produkt seiner Masse (m) und seiner Geschwindigkeit bzw. von Kraft mal Zeit ($p = m \cdot v$). Gemessen wird dies in Kilogramm mal Meter pro Sekunde (kg·m/s) bzw. in Newtonsekunden (Ns). Der spezifische Impuls (I_{sp}) eines Antriebssystems wiederum bezeichnet die Änderung des Impulses pro Masseneinheit seines Treibstoffes, er misst also die tatsächliche Geschwindigkeit der Antriebsgase beim Verlassen der Düse bzw. den Schub, den ein Kilogramm Treibstoff in einer Sekunde entwickelt. Er ist eine wesentliche Größe für die Effektivität eines Raketenantriebs oder seines Treibstoffs. Gemessen wird der spezifische Impuls in Newtonsekunden pro Kilogramm (Ns/kg), das entspricht Metern pro Sekunde (m/s). Ein spezifischer Impuls von 1000 Ns/kg bedeutet also, dass ein Kilo Treibstoff eine Sekunde lang einen Schub von 1000 Newton bzw. zehn Sekunden lang einen Schub von 100 Newton usw. erzeugen kann.

Die Rakete

Um den Weltraum zu erreichen und sich dort fortzubewegen, ist die Rakete das einzig mögliche Fluggerät. Mit ihr kann die Schubkraft erzeugt werden, die nötig ist, um die Erdanziehung zu überwinden. Vor allem aber kann sie sich auch im luftleeren Weltraum fortbewegen. Entscheidend hierfür ist das Rückstoßprinzip, nach dem sie funktioniert. Um einen Körper zu beschleunigen, benötigt dieser immer irgendetwas, an dem er sich abstoßen kann. Bei Flugzeugen ist dies die Luft, bei Schiffen das Wasser und bei Landfahrzeugen der Boden. Im luftleeren Raum aber gibt es nichts dergleichen. Durch das Rückstoßprinzip wird die Rakete jedoch unabhängig von den äußeren Umständen, denn sie trägt die Materie, an der sie sich abstoßen kann, mit sich. Physikalische Grundlage ist das dritte Newtonsche Gesetz, nach dem jede Aktion eine gleich große Reaktion hervorruft. Die Kraft der vom Triebwerk ausgestoßenen Verbrennungsgase verursacht somit einen entsprechend großen Schub, der die Rakete in der Gegenrichtung antreibt. Die Masse, die zum Abstoßen gebraucht wird, bilden die ausgestoßenen Verbrennungsgase. Wesentliche Bestandteile einer Rakete sind das Triebwerk und die Tanks mit dem Treibstoff und dem für die Verbrennung notwendigen Oxidator. Die beiden wichtigsten Antriebssysteme sind das Flüssigkeitstriebwerk und das Feststofftriebwerk. Die meisten modernen Trägerraketen verwenden Flüssigkeitstriebwerke, da diese wesentlich effizienter sind und die Verbrennung außerdem unterbrochen werden kann. Die Steuerung, die besonders während der Startphase eine heikle Angelegenheit ist, erfolgt bei modernen Raketen meist durch das Schwenken der Triebwerke. Wichtig ist auch eine ausreichende Stabilisierung der Rakete, ohne die sie seitlich wegkippen würde. Deshalb sind Feuerwerksraketen immer an einem langen Holz befestigt. Die heutigen Raketen sind entsprechend mit kleinen Triebwerken ausgestattet, die diese Kräfte ausgleichen können.

zeitig der Wirkungsgrad verringert.
Ziolkowski selbst beschrieb seine Berechnungen so: „Ich wende das Gesetz aus der Mechanik von der Erhaltung der Bewegungsgröße auf die Rakete an und finde: Das Produkt der Ausströmgeschwindigkeit und der Masse der Verbrennprodukte, die während eines unendlich kleinen Zeitabschnitts ausgestoßen werden, ist gleich dem Produkt der Masse der Rakete selbst sowie dem noch vorhandenen Treibstoff und der Beschleunigung, die das Raketenraumschiff während dieses unendlich kleinen Zeitabschnitts erfährt."
Ziolkowskis Theorien waren jedoch so weit seiner Zeit voraus, dass sie in den ersten Jahrzehnten kaum beachtet wurden. Erst später wurde seine Arbeit von der sowjetischen Regierung gefördert. Am 19. September 1935 starb Ziolkowski in Kaluga, 160 Kilometer südöstlich von Moskau, wo er seit 1892 als Lehrer gearbeitet hatte. Sein dortiges Wohnhaus dient heute als Museum.

Hermann Julius Oberth

Hermann Julius Oberth wurde am 25. Juni 1894 als Sohn eines Arztes in Hermannstadt in Siebenbürgen geboren. Sein Interesse an der Raumfahrt wurde 1906 durch Jules Vernes Buch *Von der Erde zum Mond*, ein Geschenk seiner Mutter, geweckt. Bereits ein Jahr später, im Alter von 13 Jahren, begann er, die Machbarkeit der dort beschriebenen Raumfahrttechniken durch Experimente und Selbstversuche selbstständig nachzuprüfen und für die entdeckten Fehler eigene Lösungsmöglichkeiten zu suchen. Im Alter von 17 Jahren erkannte er, dass nur eine Flüssigkeitsrakete für einen Flug zum Mond leistungsfähig genug sein würde. Zwei Dinge waren es vor allem, die für Oberth bei seiner Frage, mit welchem Flugkörper ein Flug zum Mond möglich wäre, im Mittelpunkt standen: Der Antrieb des Flugkörpers musste auch im luftleeren Raum funktionieren und seine Beschleunigung musste, anders als bei der von Jules Verne verwendeten bemannten „Kanonenkugel", tatsächlich für Menschen verträglich sein.

Hermann Julius Oberth

1913 begann Oberth auf Wunsch seines Vaters ein Medizinstudium, das zunächst durch den Ausbruch des Ersten Weltkrieges unterbrochen wurde, das er aber auch später nicht zu Ende führte. Vielmehr begann er 1919 in Klausenburg ein Physikstudium, das er in München, Göttingen und Heidelberg fortsetzte. Seine Dissertation, die sich mit der Raumfahrt beschäftigte, wurde allerdings in Heidelberg abgelehnt, da sich niemand fand, der sich ausreichend mit diesem Thema ausgekannt hätte. Schließlich wurde seine Arbeit als Diplomarbeit an der Technischen Universität in Klausenburg angenommen, wo er 1923 das Staatsexamen in Physik ablegte. Im gleichen Jahr veröffentlichte Oberth in München auf eigene Kosten sein Buch *Die Rakete zu den Planetenräumen*, dessen Grundlage seine Diplomarbeit bildete. Der Erfolg seines Buches übertraf selbst Oberths kühnste Erwartungen und machte ihn weltberühmt. Mit einem Mal erschien es möglich, den Traum von der Raumfahrt, der durch die Werke von Jules Verne und seinen Nachfolgern entfacht worden war, zu verwirklichen. Die dritte Auflage des Buches erschien 1929 unter dem Titel *Die Wege zur Raumschifffahrt* und gilt bis heute als Basiswerk der Raumfahrttechnik.

? Schon gewusst?

Der Countdown, wie er noch heute bei jedem Raketenstart üblich ist, wurde – auch wenn dies durch die englische Bezeichnung suggeriert wird – keineswegs für den Start der amerikanischen Raketen erfunden. Vielmehr stammt er aus Fritz Langs Stummfilm *Frau im Mond*. Lang musste einen Weg finden, mit dem er dem Publikum auf leicht verständliche Weise die Spannung beim Start der Mondrakete vermitteln konnte, ohne dabei auf spannungszerstörende Texttafeln zurückgreifen oder ständig eine Uhr einblenden zu müssen. Beim Start der ersten wirklichen Raketen war eine solche zeitliche Vorbereitung auf den Moment des Starts wegen ihrer geringen Größe dagegen noch gar nicht nötig. Erst beim Start der A-4-Raketen wurde eine zeitliche Abstimmung der Abläufe schließlich wirklich notwendig, um alle Beteiligten vor dem Start in Sicherheit bringen zu können. Und da es kaum einen Raketentechniker gab, der Langs Film nicht gesehen hatte, wurde das Herunterzählen bis zum Moment des Starts kurzerhand von dort übernommen. Als die Amerikaner dann nach dem Zweiten Weltkrieg die deutschen Wissenschaftler in ihre Forschungszentren mitnahmen, gelangte auch der Countdown mit nach Amerika, wo er seinen heute gebräuchlichen Namen erhielt.

Seit seiner Rückkehr 1923 nach Klausenburg arbeitete Oberth als Gymnasiallehrer für Physik und Mathematik in Siebenbürgen. 1928 wurde er jedoch von dem Regisseur Fritz Lang (1890–1976) als Berater für seinen Film *Frau im Mond* nach Berlin geholt, um die technischen Details des Films möglichst wissenschaftlich korrekt darzustellen. Der zur Premiere am 15. Oktober 1929 geplante Start einer von Oberth gebauten Rakete konnte zwar nicht stattfinden, da diese nicht rechtzeitig fertiggestellt werden konnte, dennoch war die *Frau im Mond* ein großer Erfolg. Bei den Arbeiten an der Rakete, die zwei Meter lang werden und eine Flughöhe von 40 Kilometern erreichen sollte, war Oberth bei der Explosion einer Brennkammer schwer verletzt worden.

Trotz Oberths Enttäuschung über die nicht fertiggestellte Rakete kann das Unternehmen dennoch als erfolgreich angesehen werden, denn Oberth und seinen beiden Mitarbeitern, Rudolf Nebel und Borissowitsch Scherschewsky, gelang die Konstruktion des ersten Raketenofens, in dem die Treibstoffmischung aus Benzin und flüssigem Sauerstoff verbrannt werden konnte. Diese Brennkammer bezeichnete Oberth selbst aufgrund ihrer Form als Kegeldüse. Sie ist der Vorläufer aller späteren Raketentriebwerke. Die Kegeldüse, die bereits beim ersten Versuch am 25. September 1929 einwandfrei funktionierte, hatte eine Größe von 26 Zentimetern und ein Gewicht von 1,5 Kilogramm. Sie war für die Verbrennung von 280 Gramm flüssigem Sauerstoff und 80 Gramm Benzin pro Sekunde ausgelegt und sollte nach Oberths Berechnungen einen Schub von 80 Kilogramm erzeugen. Nach Beendigung der Arbeiten an der *Frau im Mond* arbeitete Oberth im Verein für Raumschifffahrt, dessen Vorsitzender er 1929 geworden war, auf eigene Kosten weiter an der Konstruktion seiner Rakete. Als sein Geld aufgebraucht war, kehrte der Vater von vier Kindern 1930 wieder in seine rumänische Heimat zurück, wo er auch weiterhin Experimente mit Wasserstoff-Sauerstoff-Gemischen durchführte und 1935 seine erste Flüssigkeitsrakete startete.

1938 erhielt Hermann Oberth einen zweijährigen Forschungsauftrag an der Technischen Hochschule in Wien, wo er sich für den Bau des Raketenversuchsplatzes in Felixdorf einsetzte. 1940 wurde er nach Dresden berufen und bereits ein Jahr später in die Heeresversuchsanstalt in Peenemünde geholt, wo er an der Entwicklung der zweistufigen A-9/A-10-Rakete mitwirkte. Ende 1943 wurde er nach einer Kritik des V2-Programms zur Konstruktion ei-

ner ferngelenkten Feststoffrakete nach Reinsdorf versetzt.
Nach dem Krieg folgte Oberth seiner Familie in die kleine Marktgemeinde Feucht bei Nürnberg, in die sie sich während des Krieges geflüchtet hatte, von wo aus ihn verschiedene Engagements in die Schweiz und zur italienischen Marine führten. 1955 holte ihn sein einstiger Schüler Wernher von Braun nach Huntsville in den USA, wo dieser inzwischen zum Leiter des amerikanischen Raketenprogramms aufgestiegen war. Doch bereits 1958 kehrte Oberth nach Deutschland zurück. Zu den theoretischen Werken, die er auch nach dem Krieg noch veröffentlichte, gehört u. a. das 1954 erschienene Buch *Menschen im Weltraum. Neue Projekte für Raketen- und Raumfahrt.*

Oberth im Raumfahrtmuseum mit einer von ihm im Jahre 1929 konstruierten Flüssigkeitsdüse

Hermann Oberth starb am 28. Dezember 1989 in Nürnberg. 1971 wurde von der Hermann-Oberth-Gesellschaft in Feucht das Hermann-Oberth-Raumfahrt-Museum gegründet, in dem neben zahlreichen Ausstellungsstücken zu Hermann Oberths Leben auch diverse Exponate aus der russischen und amerikanischen Raumfahrtgeschichte zu sehen sind. Außerdem verfügt das Museum über eine riesige Auswahl an Filmmaterial von den Anfängen der Raumfahrt bis heute.

Robert Hutchings Goddard

Der dritte der drei „Väter der Raumfahrt", Robert Hutchings Goddard, wurde am 5. Oktober 1882 in Worcester, Massachusetts, geboren. Auch er war bereits während seiner Schulzeit durch die Lektüre der Bücher von Jules Verne und H. G. Wells (1866–1946, u. a. *Die Zeitmaschine*, 1895, und *Der Krieg der Welten*, 1898) für den Raumfahrtgedanken begeistert worden.
Seine wissenschaftliche Laufbahn begann er nach seiner Promotion in Physik 1910 an der Clark University in seiner Heimatstadt am dortigen Polytechnischen Institut. Für einige Jahre wechselte er an die Universität in Princeton, wo er sich erstmals mit Raketentechnik

Robert Goddard

befasste. Zunächst experimentierte er mit Pulverraketen, bei denen die Erhöhung der Schubkraft jedoch nur durch eine unverhältnismäßig große Erhöhung des Treibstoffgewichts möglich war. Daraufhin entwickelte er eine zweistufige Pulverrakete, die er sich 1914 patentieren ließ. Trotz dieser Verbesserungen des Wirkungsgrades erkannte er bald, dass der Nutzungsgrad von Feststoffraketen viel zu unzureichend war, um mit ihnen tatsächlich die Erdanziehung überwinden und in den Weltraum fliegen zu können.

Da es in einer Zeit, in der Flugzeuge, Autos und sogar das Telefon noch Seltenheitswert hatten, sehr schwer für Goddard war, mit seinen Visionen von einem Flug zum Mond oder sogar zum Mars ernst genommen zu werden, konzentrierte er sich in seinen Forschungen vor allem auf die Konstruktion eines Flugkörpers für Höhen- und Fernflüge. Während des Ersten Weltkriegs wurde er mit der Entwicklung einer Feststoffrakete beauftragt, die jedoch erst nach dem Krieg fertiggestellt wurde und im Zweiten Weltkrieg als Panzerabwehrrakete Bazooka zum Einsatz kam. Gleichzeitig aber befasste er sich im Auftrag des 1846 als Forschungs- und Bildungseinrichtung gegründeten Smithsonian-Instituts mit der Entwicklung von Flüssigkeitsraketen und entdeckte ebenfalls die Raketengrundgleichung als mathematische Basis für die Entwicklung von Raketenantrieben. Er bewies außerdem, dass Raketenantriebe im luftleeren Raum funktionieren würden, wodurch sie für eine Fortbewegung im Weltraum geeignet wären.

Im Januar 1920 veröffentlichte Robert Goddard im Auftrag des Smithsonian-Instituts eine 96-seitige Abhandlung mit dem Titel *Ein Verfahren zur Erreichung extremer Höhen.* Hier erwähnte er u. a. auch die Möglichkeit, mit einer Mehrstufenrakete den Mond zu erreichen. Es war nur eine „Randbemerkung", wie er selbst bei der daraufhin in der *New York Times* entbrannten Diskussion bemerkte, die aber dennoch in der

Öffentlichkeit mehr Aufmerksamkeit hervorrief als der ganze Rest seiner nüchternen ingenieurwissenschaftlichen Arbeit.
Der in der Folgezeit oft als „Moon-Man“ verspottete Goddard setzte auch weiterhin seine Forschungen, zum Teil nun auch in privatem Rahmen, fort. Am 16. März 1926 startete er in Auburn in Massachusetts auf der Farm seiner Cousine die erste Flüssigkeitsrakete der Welt, die von einer Mischung aus flüssigem Sauerstoff und Benzin angetrieben wurde. Zwar dauerte ihr Flug nur etwa 2,5 Sekunden, während dem sie lediglich eine Höhe von 12 und eine Weite von 56 Metern zurücklegte, doch bereits am 30. Dezember 1930 gelang auf Goddards neuem Testgelände auf der Mescalero Ranch bei Roswell in New Mexico der Start seiner ersten großen Rakete, die immerhin eine Höhe von 600 Metern und eine Geschwindigkeit von 800 km/h erreichte.

Goddard mit einer seiner ersten Raketen 1925

Auch in den Folgejahren arbeitete Goddard weiterhin an der Entwicklung seiner Raketen, und es gelang ihm unter anderem, sie mit Kreiselgeräten und Rudern automatisch zu stabilisieren. Seine Raketen erreichten teilweise beinahe Schallgeschwindigkeit und Höhen von bis zu 3000 Metern. Doch trotz dieser technischen Überlegenheit gegenüber den Raketen des VfR (Verein für Raumschifffahrt) in Deutschland blieb ihm aufgrund seiner Öffentlichkeitsscheu die Anerkennung lange Zeit versagt. Die Ergebnisse seiner Forschungen aus den Jahren zwischen 1919 und 1935 veröffentlichte er 1936 unter dem Titel *Liquid-Propellant Rocket Development.*
Seine Forschungsergebnisse stellte Goddard auch weiterhin dem

amerikanischen Militär zur Verfügung, für das er ab 1941 einen Raketenmotor für Jagdflugzeuge entwickelte. Ab 1942 setzte er diese Arbeit in der Naval Engineering Experiment Station in Annapolis, Maryland, fort, wo das Jet-Assisted-Take-Off-Programm („JATO"), ein Programm für den „strahlantriebsunterstützten Flugzeugstart", entwickelt wurde.

Robert Goddard starb am 10. August 1945 in Baltimore. 1948 erschien posthum sein zweites bedeutendes Werk *Rocket-Development: Liquid-Fuel Rocket Research* (1929–1941), aber erst während der Entwicklungen der amerikanischen Raumfahrt in den 1950er-Jahren wurden seine Entdeckungen tatsächlich anerkannt. Nach ihm wurde eine der zentralen Einrichtungen der amerikanischen Weltraumbehörde NASA, das Goddard Space Flight Center in Greenbelt, Maryland, benannt.

Deutschland im Raketenfieber

Seit den beiden Raumfahrtromanen von Jules Verne, *Von der Erde zum Mond* (1865) und *Reise um den Mond* (1870), hatte sich in der Bevölkerung eine allgemeine Begeisterung für die Raumfahrt und die Eroberung fremder Planeten ausgebreitet, die besonders in Deutschland nicht mehr abreißen wollte. Hermann Oberths *Die Rakete zu den Planetenräumen* (1923), wo das Thema endlich auch wissenschaftlich fundiert aufgegriffen wurde, tat dazu ihr Übriges.

Ein regelrechter Raketenboom brach aus, der in den legendären Fahrten von Fritz von Opel (1899–1971) auf der Avus im Mai 1928 mit seinem raketenbetriebenen Fahrzeug RAK2, das eine Spitzengeschwindigkeit von 238 km/h erreichte, und in Filmen wie Fritz Langs *Frau im Mond* (1929) seine zwischenzeitlichen Höhepunkte hatte. Besonders der Film von Fritz Lang hatte, obwohl der geplante Raketenstart zur Premiere nicht stattfand, die Begeisterung für dieses Thema in der Hauptstadt weiter angefacht.

Raketenbegeisterte Menschen, Wissenschaftler und bloße Enthusiasten, taten sich in Vereinen zusammen, um dort von der Umsetzung ihrer Visionen zu träumen oder selbst gebaute Raketen auszuprobieren.

Der Verein für Raumschifffahrt

Einer dieser Vereine war der 1927 in Breslau gegründete „Verein für Raumschifffahrt" (VfR), der zwei Jahre später nach Berlin umzog. In ihm trafen die meisten Männer aufeinander, die bei der Entwicklung der Raketentechnik in Deutschland und später auch in

Amerika tatsächlich eine Rolle spielen sollten. Zu den Gründungsmitgliedern gehörten Johannes Winkler, Max Valier, Willy Ley und Walter Neubert, später kamen Klaus Riedel, Rudolf Nebel, Wernher von Braun, Hermann Oberth, Walter Hohmann, Hermann Noordung, Kurt Heinisch, Eugen Sänger, Rolf Engel und Arthur Rudolph dazu. Zunächst gab der Verein auch eine viel beachtete Zeitschrift, *Die Rakete*, heraus, die jedoch bereits 1929 aus Geldmangel wieder eingestellt werden musste.

Zu den enthusiastischsten Mitgliedern des VfR gehörten zweifellos **Klaus Riedel** (1907–44) und der Ingenieur und ehemalige Jagdflieger **Rudolf Nebel** (1894–1978), der bereits Hermann Oberth bei dem Bau seiner UFA-Rakete unterstützt hatte. Ihre Begeisterung und ihr unermüdliches Engagement für die gemeinsame Sache ließ sie zu engen Freunden werden. Gemeinsam entwickelten sie schon bald eine verkleinerte flugfähige Variante von Oberths „UFA-Rakete", die **„Minimum-Rakete" Mirak-1**, die zwar nur über eine Kapazität von einem Liter flüssigem Treibstoff verfügte, dadurch aber besser beherrschbar war.

Klaus Riedel war es dann auch zu verdanken, dass der Verein zu seinem ersten Raketenstartplatz kam. Er überredete seine ebenfalls raketenbegeisterte Großmutter, ihnen einen Teil ihres Grundstücks in Bernstadt zur Verfügung zu stellen, und bald wurde das Testgelände in der Oberlausitz ein Pilgerort für alle Raketenpioniere von nah und fern. Etwa 140 Brenn- und Startversuche sind insgesamt für die kurze Zeit dokumentiert, in der das Gelände in Bernstadt mit seinen doch noch sehr primitiven Prüfständen das einzig verfügbare Raketentestgelände Deutschlands war. Aber auch Rudolf Nebel war ein Überredungs- und Organisationsgenie. Er sammelte Gelder, Material und Maschinen, verpflichtete arbeitslose Handwerker gegen Unterkunft und Verpflegung, hielt Vorträge und gewann namhafte Fürsprecher wie Albert Einstein für die Belange des Vereins.

Im Sommer 1930 gelang es Rudolf Nebel dann, einen Vorfüh-

Von links nach rechts: Rudolf Nebel, Franz Ritter, Kurt Heinisch, Hermann Oberth, Klaus Riedel, Wernher von Braun

rungstermin in der Chemisch-Technischen Reichsanstalt am Tegeler Weg in Berlin zu bekommen, um die Funktion der von Hermann Oberth entwickelten Kegeldüse zu demonstrieren. Denn das Militär begann sich für die Möglichkeiten einer neuen Waffenart zu interessieren, da ihm im Hinblick auf die Weiterentwicklung herkömmlicher Waffen durch den Vertrag von Versailles die Hände gebunden waren.

Die Narren von Tegel

Die Vorführung konnte als ein Erfolg verbucht werden, denn bereits am 27. September 1930 erhielt der VfR für eine Jahrespacht von lediglich zehn Reichsmark das benachbarte Gelände am Tegeler Weg, das früher dem preußischen Kriegsministerium als Schießstätte und Munitionsdepot gedient hatte und nun seit Langem ungenutzt war, als Testgelände. Aus dem vier Quadratkilometer großen Areal wurde in der Folgezeit der „Raketenflugplatz Berlin".

Mit Feuereifer nutzte der VfR das neue Versuchsgelände. Der Verein war mittlerweile auf fast 1000 Mitglieder angewachsen, von denen ein großer Teil selbst in der Raketenentwicklung aktiv war. Unermüdlich probierten die Raketenpioniere neue Lösungen, und es verging kaum ein Tag, an dem nicht das Donnern der Raketen durch das Stadtviertel hallte. Mit Neugier und Interesse verfolgten die Berliner das Treiben auf dem neuen Raketenflugplatz, und meist waren auch einige Vertreter der Presse anwesend, die über die Erfolge und Misserfolge der „Narren von Tegel" berichteten.

Die Bedingungen, unter denen sie arbeiteten und experimentierten, waren mehr als bescheiden. Umso erstaunlicher sind die Fortschritte, die hier in relativ kurzer Zeit gemacht wurden. Raketen an sich waren nichts Neues: Sie waren bereits seit mehreren Jahrhunderten bekannt, sei es als Waffe auf dem Schlachtfeld oder als Feuerwerkskörper, doch hatte es sich in allen Fällen um Feststoffraketen gehandelt. Nun ging es darum, Raketen mit Flüssigtreibstoff zu entwickeln, denn diese waren durch ihre ungleich höhere Schubkraft die Zukunft der Raketentechnik. Die effektivste Art der Verbrennung, die Einspritzung des Treibstoffes, die Kühlung der Brennkammer und der Düsen sowie nicht zuletzt die Stabilisierung des Fluges – dies alles musste nun experimentell erforscht werden.

Der erste Versuch mit einer Flüssigkeitsrakete, der **Mirak-1**, hatte bereits am 7. September 1930 auf der Bernstädter Wiese stattgefunden. Er war jedoch gescheitert, da die Mirak-1, die äußerlich stark an einen Feuerwerkskörper erinnerte, kurz nach dem Start explodiert war. Das Folgemodell, die **Mirak-2**, erwies sich dagegen als vielversprechend. Dennoch dauerte es bis zum 10. Mai 1931, bis der erste erfolgreiche Flug absolviert wurde. Außerdem ging man dazu über, die Raketen mit Fallschirmen auszustatten, um sie wenigstens teilweise wiederverwenden zu können.

Kurz vorher, am 14. März 1931, hatte bereits Johannes Winkler (1897–1947), der Gründer des VfR, auf dem Gelände seines Arbeitgebers, den Junkers-Werken in Dessau, eine Flüssigkeitsrakete gestartet. Die HW1 erhob sich 60 Meter und landete dann sicher in 200 Metern Entfernung. Winkler sprach daraufhin von der „Geburtsstunde der Flüssigkeitsrakete“, ohne zu wissen, dass bereits fünf Jahre zuvor von Robert Goddard in Massachusetts ein erfolgreicher Start einer Flüssigkeitsrakete durchgeführt worden war.

Johannes Winkler mit der HW2

Dass es bei der Vielzahl dieser Versuche nicht nur zu Fehlstarts, sondern bisweilen auch zu Unfällen kam, kann nicht verwundern. So kam es bei einem Versuch mit einer **Mirak-3** zu einem Unfall, bei dem zwar glücklicherweise niemand zu Schaden kam, der jedoch beinahe zur Schließung des Raketenflugplatzes geführt hätte: Der Fallschirm des immerhin sechs Meter langen Flugkörpers öffnete sich nicht, sodass die Rakete ungebremst aus einer Höhe von über 1000 Metern auf dem Dach einer nahe gelegenen Polizeikaserne einschlug. Nur den Überzeugungskünsten Rudolf Nebels war es zu verdanken, dass der Betrieb auf dem Testgelände aufrechterhalten werden konnte. Der Start größerer Raketen musste von nun an allerdings aus Sicherheitsgründen von einem Boot auf dem Schwielowsee bei Potsdam erfolgen.

Bisher waren alle Raketenstarts, alle Experimente und alle technischen Voraussetzungen von den „Narren von Tegel“ privat finanziert worden. Doch die Anzahl der durchgeführten Raketentests war hoch (allein im Jahr 1932 gab es 87 Starts, 230 Tests an Prüfständen und 23 öffentliche Vorführungen) und der Materialverbrauch trotz der Einführung der Material sparenden Fallschirme so enorm, dass ihre finanziellen Ressourcen allmählich zur Neige gingen. Teilweise war der Enthusiasmus der

Vereinsmitglieder sogar so weit gegangen, dass sie mittlerweile gezwungen waren, in den alten Baracken auf dem Versuchsgelände zu wohnen. Sollten die Versuche also weitergehen, war es an der Zeit, sich nach neuen Geldgebern umzusehen.

Militärische Interessen

So kam es Anfang 1932 zu ersten Kontakten zur Reichswehr. Vor allem Oberst Karl Becker, einer der Ballistiker des Heeres, der die Entwicklungen auf diesem Gebiet bereits seit 1929 verfolgte, sah in den Raketen eine Alternative zur herkömmlichen Artillerie, die den Bedingungen des Versailler Friedensvertrages unterlag. Nach einer Besichtigung des Raketenflugplatzes und seiner technischen Möglichkeiten durch eine Abordnung der Reichswehr wurde eine Vorführung auf dem **Militärgelände in Kummersdorf** vereinbart, 10 Kilometer südlich von Berlin.

Am 12. Juli 1932 war es dann so weit. Die führenden Mitglieder des Vereins für Raumschifffahrt machten sich auf den Weg nach Kummersdorf, im Gepäck hatten sie die 4 Meter lange Flüssigkeitsrakete **Mirak-3**. Die Vorführung war jedoch ein Reinfall. Anstatt die angekündigte Höhe von 3000 Metern zu erreichen, wich die Rakete in einer Höhe von etwa 1000 Metern von ihrer vorgesehenen Flugbahn ab und schlug 3 Kilometer südlich von ihrem Startplatz auf dem Boden auf. Dennoch hatten Oberst Becker und der Leiter der Raketenversuchsstelle Kummersdorf, der Diplom-Ingenieur und spätere General Walter Dornberger (1895–1980), weiterhin Interesse an der Arbeit des VfR. Allerdings waren sie nicht bereit, die Raketenstarts des Vereins zu finanzieren, sondern boten der Abordnung des VfR an, in den hervorragend ausgestatteten Testständen in Kummersdorf ihre Erfindungen testen zu können. Das Ziel der Unterstützung, daran ließ Oberst Becker keinen Zweifel, war die Entwicklung für den militärischen Einsatz geeigneter Langstreckenraketen.

Für die Mitglieder des VfR waren diese Vorschläge inakzeptabel. Ihren ganzen Enthusiasmus hatten sie stets nur einem Ziel gewidmet: der Eroberung des Weltraums. Nur für die Erfüllung dieses Traumes hatten sie ihr Geld zur Verfügung gestellt, und nur dafür hatten sie in den vergangenen Jahren ihre Zeit und ihre Ideen eingebracht.

Wernher von Braun

Aber nicht alle Mitglieder des VfR konnten den Verlockungen des Militärs widerstehen, das ihnen Arbeitsbedingungen zur Verfügung stellen wollte, von denen sie auf ihrem eigenen Raketenstartplatz nur träumen konnten. Vor allem einer war es, der von den Möglichkeiten in Kummersdorf so sehr beeindruckt war, dass er sich entschloss, einen Anstellungsvertrag als ziviler Mitarbeiter beim Heereswaffenamt zu unterschreiben: der damals erst 20-jährige Wernher von Braun (1912–77) der gerade sein Ingenieurstudium beendet hatte und einer der wichtigsten Männer auf dem Gebiet der Raketentechnik werden sollte.

Wernher von Braun (Mitte) als Kind

Wernher von Braun wurde am 23. März 1912 in Wirsitz bei Posen in Ostpreußen geboren und zog 1920 mit seiner Familie nach Berlin. Die utopischen Romane von Jules Verne und Kurd Laßwitz und das astronomische Fernrohr, das ihm seine Mutter zur Konfirmation schenkte, weckten schon früh sein Interesse an Astronomie und seine Träume von einer Reise zu den Sternen. Aber erst Hermann Oberths Buch *Die Rakete zu den Planetenräumen*, das er sich 1925 selbst von seinem Taschengeld kaufte, zeigte ihm die Möglichkeit, dass seine Träume Realität werden könnten. Der bis dahin eher schlechte Schüler stürzte sich nun, um dieses Werk verstehen zu können, in das Studium von Mathematik und Physik, sodass er bereits mit 17 Jahren vorzeitig sein Abitur ablegen konnte. Bereits 1929 wurde er Mitglied des Vereins für Raumschifffahrt. Im Gegensatz zu vielen anderen Mitgliedern des VfR hatte er jedoch keine Probleme damit, seine Träume auch im Dienst des Militärs weiterzuentwickeln, da sein Vater Magnus von Braun ein großer Anhänger der Reichswehridee war und er so bereits von Kindheit an mit militärischen Dingen vertraut war.

Am 1. Oktober 1932 trat er seine Stelle in Kummersdorf an. Als Wernher von Braun später noch einmal über die Gründe für seinen Wechsel ins andere Lager sprach, war selbst 30 Jahre später noch die Faszination zu spüren, mit der ihn die perfekten Arbeitsmöglichkeiten bei seinem ersten Besuch in Kummersdorf erfüllt hatten: „Was wir auf dem einsamen Platz fanden, erregte unseren Neid und unsere Bewunderung zugleich. Wir fanden einen vollendeten Prüfstand für die Brennkammern von Flüssigkeitsraketen vor, mit Betonmauern umgeben und mit einem Schiebedach versehen. Wir staunten über den Beobachtungsraum und zeigten uns beeindruckt von dem Messraum, in dem sich ein Wirrwarr von allen möglichen Prüfleitungen, Registrierapparaten und Messgeräten befand. Auf der Schießbahn, wo unsere Rakete erprobt werden sollte, standen neuartige Kino-Theodoliten zur Verfügung, die den gesamten Flug der Rakete auf den Film bannen und zugleich ihren Flugweg vermessen konnten. Wenn wir da an unseren Laden in Reinickendorf dachten, hätten wir eigentlich Minderwertigkeitskomplexe haben müssen."

Das Ende des Vereins

Während in den folgenden Jahren Wernher von Braun und die anderen, die ihm an die Heeresversuchsanstalt Kummersdorf gefolgt waren, unter ihnen Klaus Riedel und der Schlosser Heinrich Grünow, sich mit der Entwicklung des Aggregats 1 und den Vorläufern der sogenannten „Wunderwaffe" V2 der Nationalsozialisten beschäftigten, hegten die „Narren von Tegel" neue Träume: Ab Herbst 1932 war ihr neues Ziel ein bemannter Raketenflug. Rudolf Nebel gelang es sogar, für die Finanzierung dieses Projektes den Magdeburger Stadtrat zu gewinnen, der sich dadurch einen Imagegewinn für die Stadt erhoffte. Der „Magdeburger Pilotenrakete", für die sogar bereits ein Mitglied des VfR, der Berliner Kurt Heinisch, als „Astronaut" bereitstand, gelang jedoch nur ein einziger Flug. Am 29. Juni 1933 erreichte sie aufgrund ungünstiger Wetterverhältnisse lediglich eine Höhe von 20 Metern und eine Weite von 60 Metern. Weitere Startversuche wurden durch die Machtübernahme durch die Nationalsozialisten verhindert. Am 30. Juni 1934 wurde der Verein für Raumschifffahrt schließlich von den Nationalsozialisten aufgelöst, da die Entwicklung der Raketentechnik von nun an ausschließlich Sache des Militärs sein sollte.

In seiner Autobiografie mit dem Titel *Die Narren von Tegel. Ein Pionier der Raumfahrt erzählt* ließ Rudolf Nebel 1972 die Ereignisse aus den Anfangsjahren des Raumfahrtzeitalters 40 Jahre später noch einmal aufleben.

Rudolf Nebel

Die Wiege der Raumfahrt: Peenemünde

Während die Mitglieder des Vereins für Raumschifffahrt in Berlin mit ihren Geldsorgen und den mehr als unzureichenden technischen Gegebenheiten zu kämpfen hatten, machten die Arbeiten von Wernher von Braun, Klaus Riedel und Heinrich Grünow in Kummersdorf gute Fortschritte. Geplant war der Bau einer Rakete, deren Dimensionen bei Weitem all das übertrafen, was man jemals auf dem Raketenflugplatz Berlin versucht hatte, und die auch die goddardschen Flüssigkeitsraketen, die dieser in Amerika erprobte, um Längen schlug. Was das Arbeiten in der Kummersdorfer Heeresversuchsanstalt dabei besonders von dem auf dem Raketenflugplatz Berlin unterschied, war nicht nur die professionelle Ausstattung des Testgeländes, sondern vor allem die systematische technische Umsetzung der physikalischen Prinzipien.

Explosionen und Fehlstarts

Die Gruppe um Wernher von Braun begann mit der Planung eines ganz neuartigen Raketenantriebs, eines 300-Kilogramm-Motors, der einen Schub von 3000 Newton hervorbringen sollte und aus einer Legierung aus Magnesium und Aluminium bestand. Der erste Test fand bereits im Dezember 1932 statt. Doch bereits bei der Zündung wurde klar, wie groß die Unterschiede zu den Raketen des VfR in jeglicher Beziehung waren: Wie gewohnt hielt von Braun eine benzingetränkte Lunte, die an einer 4 Meter langen Stange befestigt war, zum Zünden an den Antrieb. Dann gab es eine Explosion, und der Teststand musste neu eingerichtet werden. Für Raketen dieser Größenordnung mussten also sogar neue Zündungsmethoden erforscht werden.

Weitere Fehlversuche folgten. Fieberhaft arbeiteten von Braun und seine Mitarbeiter an Verbesserungen von Kühlung, Brennkammer und Einspritzsystemen. Bereits im Januar 1933 fand der erste erfolgreiche Test des 300-Kilogramm-Raketenofens statt. Nun konnte endlich mit der Konstruktion der entsprechenden Rakete begonnen werden.

Das **„Aggregat 1“** – oder auch „A-1“ – war 1,4 Meter lang, hatte einen Durchmesser von 30 Zentimetern und ein Startgewicht von 150 Kilogramm. Die Brennkammer war im Heck der Rakete in einem Treibstofftank eingebaut, wodurch sie gleichzeitig gekühlt wurde. Der Treibstoff bestand aus einer Mischung von 75-prozentigem Alkohol und flüssigem Sauerstoff, die sich bereits bei den Raketen des VfR bewährt hatte. Die Brenndauer des Triebwerks betrug 16 Sekunden, die vorgesehene Flughöhe der Rakete war 1,8 Kilometer. Doch die A-1 sollte niemals fliegen. Nach drei Fehlstarts, bei denen die Modelle u. a. wegen fehlerhafter Treibstoffzuleitung explodiert waren, wurde die Arbeit an der A-1 eingestellt. Von Braun hatte inzwischen anhand von Berechnungen gemerkt, dass der Schwerpunkt seiner Rakete aufgrund des 38 Kilogramm schweren Stabilisierungskreisels in der Raketenspitze zu weit oben lag und deshalb ein einwandfreier Flug niemals möglich wäre.

Erste Erfolge

Deshalb begannen Wernher von Braun und sein Team mit dem Bau des **Aggregats 2**. Die A-2 besaß die gleichen Maße wie die A-1 und auch ihre Brennkammer wurde unverändert übernommen. Neben Verbesserungen bei der Kühlung und der Vergrößerung der Tanks bestand die entscheidende Veränderung der A-2 gegenüber der A-1 in der Verlagerung des Stabilisierungskreisels. Anstelle des rotierenden Stahlkörpers in der Raketenspitze erhielt die A-2 in der Mitte der Rakete, zwischen Sauerstoff- und Alkoholtank, ein Schwungrad, das vor dem Start auf 10.000 Umdrehungen pro Minute hochgefahren wurde. Als zwei Modelle der A-2 fertiggestellt waren, machte sich von Braun auf die Suche nach einem geeigneten Startplatz, da ihm ein Start in Kummersdorf aufgrund der voraussichtlichen Flughöhe zu riskant erschien.

Auf der Nordseeinsel Borkum, wo er einen Teil seiner Schulzeit verbracht hatte, fand von Braun dann einen geeigneten Startplatz. Ende November 1934 brachte er die beiden A-2-Modelle, die er nach Wilhelm Buschs Lausbubengeschichte „Max“ und „Moritz“ nannte, dorthin. Am 19. und 20. Dezember fand der erfolgreiche Start der beiden Raketen statt, bei denen sie eine Höhe von 2000 bzw. 2200 Metern erreichten. Es war das erste Mal, dass eine Rakete eine größere Höhe als 2 Kilometer erreicht hatte. Aber auch

General Fellgiebel gratuliert Mitgliedern des Raketenteams um Wernher von Braun

das neue Stabilisierungssystem hatte seine Feuertaufe bestanden, da vor allem die zweite Rakete trotz starker Seitenwinde bis zur Brennschlusshöhe ihre Flugbahn stabil gehalten hatte.
Wie Wernher von Braun später einmal äußerte, rührte seine besondere Freude über den geglückten Start der beiden Raketen auch daher, dass er die A-2 bis hin zur kleinsten Schraube vollständig selbst konzipiert und gebaut hatte und er sie deshalb als sein ganz eigenes Werk betrachten konnte.
Gleichzeitig hatte von Braun an seiner Doktorarbeit in Physik geschrieben, die er 1934 unter dem Titel *Konstruktive, theoretische und experimentelle Beiträge zu dem Problem der Flüssigkeitsrakete* fertigstellte. In ihr ist die einzige wissenschaftliche Grundlage enthalten, nach der man auch heute noch die A-2 nachbauen kann. Die geplante Veröffentlichung wurde ihm jedoch verwehrt, da der Inhalt seiner Arbeit als „geheime Kommandosache" eingestuft wurde.

Neue Ziele

Von dem Erfolg der A-2 beflügelt, begannen Wernher von Braun und sein Team 1935 in Kummersdorf mit der Entwicklung eines neuen, ungleich stärkeren Triebwerks. Die **A-3** sollte mit einem „1500-Kilogramm-Motor", der einem Schub von 14.250 Newton entsprach, die fünffache Schubkraft ihres Vorgängermodells erhalten.
Eine Vielzahl von Problemen tat sich mit diesem Vorhaben vor dem Konstruktionsteam um Wernher von Braun auf. Klaus Riedel und Walter Thiel (1910–43) erarbeiteten ein verbessertes Einspritzsystem, bei dem der flüssige Sauerstoff und der Alkohol durch mehrere Spritzkegeldüsen zerstäubt und dann gleichmäßig vermischt in die Brennkammer eingespritzt wurden. So wurde eine weitaus bessere Verbrennung erreicht, und die Länge der Brennkammer konnte von 200 auf 30 Zentimeter verringert werden. Durch diese Maßnahme wiederum entstanden auch durch die lange Brenndauer von 45 Sekunden Probleme mit der Kühlung, die aber von Walther Pohlmann (1881–1957), dessen *Taschenbuch für Kältetechniker* noch heute als Standardwerk gilt, durch eine Filmkühlung aus Spiritus beseitigt wurden.
Währenddessen befasste sich Wernher von Braun mit der Konstruktion eines aktiven Lenkungssystems. Sein Kreiselstabilisierungssystem konnte auf Abweichungen von der vorgesehenen Flugbahn reagieren, indem es durch die Verbindung zu verschiedenen Strahlrudern im Abgasstrahl des Triebwerks die Schubrichtung änderte. Außerdem wur-

de die A-3 erstmals mit stabilisierenden Heckflossen ausgestattet. Das größte Problem stellte aber die Form der neuen Rakete dar. Da sie mehr als Schallgeschwindigkeit erreichen sollte, musste eine Form gefunden werden, die diese Belastungen aushalten konnte. Für die Erprobung der geeigneten Form benötigten von Braun und seine Mitarbeiter einen Überschallwindkanal, denn erste Versuche bei Rudolf Hermann in Aachen hatten gezeigt, dass die abgerundete Hülle der A-2 für die Überschallgeschwindigkeit völlig ungeeignet war. 300.000 Reichsmark benötigte Walter Dornberger, um einen eigenen Überschallwindkanal bauen zu lassen, und es dauerte viele Monate, bis er diese Summe schließlich von der Flakabteilung des Heeres zur Verfügung gestellt bekam. Ausführliche Tests zeigten, dass eine Rakete in Form einer überdimensionalen Patrone für eine derartige Geschwindigkeit die besten Voraussetzungen aufwies.

Die Arbeiten an der A-3 dauerten mehrere Jahre. Bis Ende 1937 wurden vier A-3-Modelle fertiggestellt, mit denen im Dezember Startversuche durchgeführt wurden. Alle Versuche schlugen fehl. Die Raketen stiegen nur wenige Hundert Meter in die Höhe, drehten sich dann um die eigene Achse und schalteten das Triebwerk ab. Da man aber bereits im Vorjahr mit den Planungen für das Aggregat 4 begonnen hatte, verzichtete man auf eine Überarbeitung der A-3. Stattdessen beschloss man, sie unter der Bezeichnung „A-5“ in leicht veränderter Form als Testmodell für die A-4 zu verwenden.

Peenemünde

Da die A-3 eine Länge von beinahe 7 Metern und ein Startgewicht von 750 Kilogramm haben sollte, war an einen Start in Kummersdorf sowohl wegen des Risikos für die Bevölkerung als auch aus Geheimhaltungsgründen nicht mehr zu denken. Weil der Transport der Raketen von Kummersdorf zu einem weit entfernten Startplatz aufgrund der geplanten Raketengröße allerdings sehr schwierig werden würde, hatte Wernher von Braun schon bald nach Beginn der ersten Konstruktionsphase damit begonnen, sich nach einem Platz für ein neues Versuchsgelände umzusehen.

1935 hatte er ein solches Gelände bei Peenemünde an der Nordwestspitze der vorpommerschen Ostseeinsel Usedom entdeckt, das ihm als idealer Standort für Raketentests erschien. Innerhalb kürzester Zeit entstand dort die Heeresversuchsanstalt Peenemünde. Tausende von Zwangsarbeitern machten ab 1936 aus dem kleinen unbedeutenden Fischerdorf eine Forschungseinrichtung, in der unter strengster Geheimhaltung mehrere Tausend Menschen an der Entwicklung der ersten Großrakete der Welt arbeiten sollten und die über einen eigenen Flugplatz, eine Hafenanlage und eigene Eisenbahnstrecken verfügte. Der Leitgedanke aller in Peenemünde beschäftigten Wissenschaftler war ursprünglich der Gedanke an die Raumfahrt gewesen. Die bis heute erhalten gebliebenen Verträge zwischen den Wissenschaftlern der Versuchsanstalt und der nationalsozialistischen Regierung zeigen allerdings eindeutig, dass sich die Wissenschaftler durchaus der Tatsache bewusst waren, dass die staatlichen Ziele einzig und allein auf die Entwicklung einer Vernichtungswaffe ausgerichtet waren, und dass sie ebenso über die unmenschlichen Bedingungen, unter denen die für den Bau der Forschungsstation angestellten Zwangsarbeiter lebten und arbeiteten, Bescheid wussten. Sie alle akzeptierten diese Umstände stillschweigend, denn für ein rein ziviles Projekt wären niemals Gelder in einer derartigen Größenordnung zur Verfügung gestellt worden, und die Heeresversuchsanstalt verschlang Millionen. Allein bis 1940 waren es 550 Millionen Reichsmark.

Die Hauptaufgabe des neuen Forschungszentrums sollte die Entwicklung des **Aggregats 4**, der ersten einsatzfähigen Großrakete der Welt, werden. Die Planungen für dieses Projekt waren bereits 1936 in Kummersdorf begonnen worden, doch die eigentliche Entwicklungsphase und die wesentlichen Tests sollten erst in Peene-

Peenemünde auf Usedom

münde stattfinden. Die technischen Daten der A-4 waren – vor allem, da die Arbeiten an der A-3 noch nicht einmal beendet waren – schier unvorstellbar: Bei einer Länge von 14 Metern und einem Durchmesser von 1,5 Metern würde das Startgewicht inklusive einer Nutzlast von 1000 Kilogramm 12.000 Kilogramm betragen. Die Strecke, die die A-4 zurücklegen sollte, betrug 175 Kilometer, die maximale Fluggeschwindigkeit 5400 km/h bzw. 1500 m/s, die dafür benötigte Brenndauer des Raketenofens lag bei 65 Sekunden. Aufgrund der Schwierigkeiten mit der A-3 entschied man sich jedoch dafür, vorher noch ein weiteres Modell zu erproben, das der A-3 ähnlich sein sollte, jedoch mit Verbesserungen bei Leitwerk, Strahlruder und Steuerung, und das wegen der bereits begonnenen Arbeiten an der A-4 **„A-5“** genannt wurde.

1939 allerdings drohte das ganze Raketenprojekt plötzlich beendet zu werden. Nach seinem Einmarsch in Polen im September 1939 und den wenig erfolgreichen Interventionen Frankreichs und Englands schien ein baldiges Ende des Krieges für Adolf Hitler (1889–1945) durchaus möglich, weshalb er die Zuwendungen für Peenemünde bereits im November drastisch reduzieren ließ. Am 19. März 1940 strich er die Raketenforschung sogar ganz von der Dringlichkeitsliste und begann damit, Wissenschaftler für andere militärische Zwecke aus Peenemünde abzuziehen. Nur den guten Beziehungen von Walter Dornberger war es wiederum zu verdanken, dass die Arbeiten in Peenemünde fortgesetzt werden konnten und dem Projekt sogar 4000 Soldaten mit technischen Vorkenntnissen als „Versuchskommando Nord“ zur Verfügung gestellt wurden.

Der Griff ins All

Die Arbeiten an der A-4 waren inzwischen trotz der erschwerten Bedingungen parallel zur Ent-

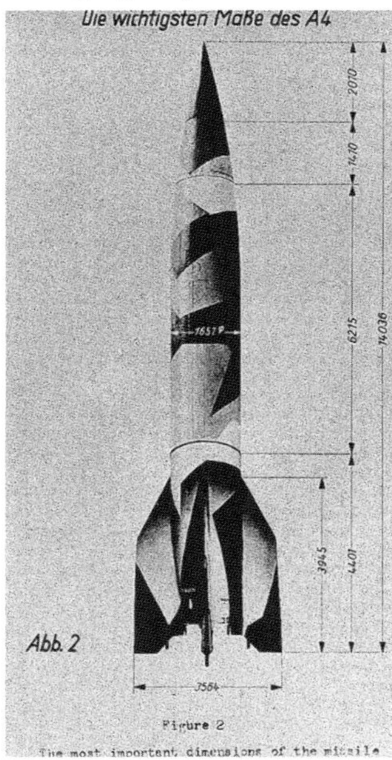

Planskizze für die A-4

wicklung der A-5 weiter fortgeschritten, und am 21. März 1940 wurde ihr Triebwerk, das einen Schub von 25 Tonnen erzeugen konnte, erfolgreich getestet. Für die Entwicklung der Brennkammer war in erster Linie Walter Thiel (1910–43) verantwortlich, der bereits seit 1936 in Kummersdorf mit von Braun zusammenarbeitete und mit seiner ganzen Familie bei dem Luftangriff der Royal Air Force auf Peenemünde ums Leben kommen sollte. Thiels großes Verdienst war dabei die Verkürzung der Brennkammer von ursprünglich 2 Metern auf 30 Zentimeter, was durch die Verwendung von Kreiseleinspritzdüsen ermöglicht wurde. Ein weiteres Problem, das er lösen musste, war die große Hitzeentwicklung, der die Brennkammer ausgesetzt war, denn es gab kein Metall, das die Erhitzung auf 3000 Grad Celsius ausgehalten hätte. Thiel entschied sich hier für die sogenannte Regenerativkühlung, bei der der Brennstoff zunächst durch die doppelte Wandung der Brennkammer geleitet wird, wodurch diese einerseits durch die Aufnahme der Hitze die innere Wand der Brennkammer kühlt und dadurch gleichzeitig auf eine für den anschließenden Verbrennungsprozess günstige Temperatur vorgewärmt wird.

Das Problem der Stabilisierung und Steuerung wurde von Ernst Steinhoff (1908–87) gelöst, der nach dem Krieg mit von Braun und vielen anderen nach Amerika ging. Einerseits musste die Rakete nach ihrer senkrechten Startphase in eine Parabelbahn gelenkt werden, um ihr vorgesehenes Ziel zu erreichen, andererseits musste sie äußere und innere Störungen wie Wind oder ungleichmäßige Verbrennung ausgleichen können. Es musste also eine aktive Steuerung entwickelt werden, was mittels einer Kreiselsteuerung, die mit den Strahlrudern in der Düse am Ende des Feuerstrahls und den Luftrudern in Verbindung stand, auch erreicht wurde.

Von Braun mit V2-Raketenmodell

Zahllose Tests auf den Prüfständen von Peenemünde folgten, bevor im Juni 1942 der erste Startversuch einer A-4-Rakete durchgeführt wurde. Der Versuch misslang, ebenso ein zweiter im August. Am 3. Oktober 1942 um 15 Uhr 40 war es dann endlich so weit: Die A-4-Rakete, die an diesem Tag in Peenemünde erfolgreich gestartet wurde und dabei eine Gipfelhöhe von 84,5 Kilometern erreichte, gilt als das erste von Menschenhand erschaffene Objekt, das in den Weltraum vordrang. Der Tragweite dieses Ereignisses war man sich auch damals schon sofort bewusst. „Wir haben mit unserer Rakete in den Weltraum gegriffen und zum ersten Male diesen Weltraum als Brücke zwischen zwei Punkten auf der Erde benutzt. Wir haben bewiesen, dass der Raketenantrieb für die Raumfahrt brauchbar ist ... Dieser 3. Oktober 1942 ist der erste Tag eines Zeitalters neuer Verkehrstechnik. Es ist der Beginn der Raumschifffahrt." Mit diesen Worten kommentierte Walter Dornberger das Ereignis in seinem Buch *V2 – der Schuss ins All* von 1952.

Bei späteren Senkrechtstarts der A-4 wurden sogar Höhen bis zu 190 Kilometern erreicht. Das Zeitalter der Weltraumfahrt hatte begonnen.

Nationalsozialistische Interessen

Auch wenn die Heeresversuchsanstalt Peenemünde von der NS-Regierung für militärische Zwecke erbaut worden war, spielten die Entwicklungen der Raketenforscher für Adolf Hitler lange Zeit überhaupt keine Rolle. Trotz eines Besuchs in der Heeresversuchsanstalt in Kummersdorf 1939 war er vom militärischen Nutzen der Raketen lange nicht überzeugt. Erst nach einer Vorführung der A-4 am 7. Juli 1943 änderte Hitler seine Meinung über die neue Waffenart. Aufgrund der prekären Lage, in der sich das Dritte Reich damals schon befand, erschien sie ihm sogar als die „Wunderwaffe", mit der sein Untergang doch noch abgewendet werden könnte.

„Wenn wir diese Raketen schon 1939 gehabt hätten, dann wäre es nicht zum Krieg gekommen – jetzt und in aller Zukunft ist Europa und die Welt für einen Krieg zu klein. Mit diesen Waffen wird ein Krieg für die Menschheit untragbar werden." Trotz oder auch gerade wegen dieser Erkenntnis, die von Dornberger in seinem Buch überliefert ist, beschloss Hitler nun, die A-4 als Massenproduktion fertigen zu lassen, die von Hitlers Propagandaminister Joseph Goebbels in „V2" („Vergeltungswaffe 2") umbenannt wurde.

Was den Raketenbauern um Wernher von Braun zunächst als Glücksfall für die zügigere Fortsetzung ihrer Arbeit erschien, entpuppte sich jedoch schnell als Trugschluss. Jetzt, wo das Militär auf einmal seine Sympathie für die Raketenproduktion entdeckt hatte, wollte die SS, allen voran Heinrich Himmler, auch die vollständige Kontrolle über die Fertigung in Peenemünde. Bereits 1943 forderte Himmler von Braun auf, statt unter Dornberger fortan direkt für die SS zu arbeiten, doch von Braun lehnte ab. Immer wieder gab es vereinzelte Verhaftungen unter dem wissenschaftlichen Personal, dem fehlende Kooperationsbereitschaft oder regimekritische Äußerungen vorgeworfen wurden, doch mussten die Anschuldigungen stets wieder fallen gelassen werden. Am 13. März 1944 wurde auch Wernher von Braun gemeinsam mit einigen anderen Wissenschaftlern verhaftet und nach Stettin ins Gefängnis gebracht. Anlass für diese Aktion war eine Äußerung von Brauns in

Nachbildung einer V2 im Militärmuseum in Peenemünde

privatem Kreise gewesen, dass der eigentliche Grund für seine Arbeit an der A-4 seine Raumfahrtträume seien und er sich deshalb nicht zu 100 Prozent dem Militär verpflichtet fühle. Doch auch von Braun wurde nach drei Tagen Haft wieder freigelassen, da Walter Dornberger, der mittlerweile zum General aufgestiegen war, den zuständigen Behörden klarmachte, dass ohne von Braun und seine Mitarbeiter die Arbeit an der A-4 äußerst gefährdet sei.

Obgleich seit 1943 in Peenemünde kein Mangel mehr an Material und Geld herrschte, waren die meisten Wissenschaftler unzufrieden mit der veränderten Situation. Auch wurde bei dem Bestreben, die Produktionszahlen schnellstmöglich zu erhöhen, auf das ursprüngliche Ziel – die punktgenaue Zielsicherheit – verzichtet, und die A-4 wurde zu einer Massenvernichtungswaffe für den wahllosen Einsatz gegen die Zivilbevölkerung. Aber selbst hier ließ die Effektivität der A-4 zu wünschen übrig. Sabotage oder einfach nur Pfusch bei der Produktion verursachten zahlreiche Fehlstarts, und jeder Luftangriff der Alliierten entsprach der Zerstörungskraft von mehreren Hundert A-4-Raketen. Insgesamt wurden, je nach Quelle, zwischen 4300 und 5780 A-4-Raketen gebaut und mindestens 3225 von ihnen als Waffe eingesetzt.

Gedenkveranstaltung am ehemaligen Konzentrationslager Mittelbau-Dora

Die Gesamtkosten für Entwicklung und Produktion der A-4-Raketen werden heute auf etwa zwei Milliarden Reichsmark geschätzt, eine Summe, für die es möglich gewesen wäre, 8000 Jagdbomber vom Typ „Messerschmitt 109" oder 2700 Panzer vom Typ „Tiger" zu fertigen, von dem während des gesamten Krieges nur 1900 Exemplare hergestellt wurden. Wären die Millionen, die in den letzten Kriegsjahren in die Massenproduktion der A-4 gesteckt wurden, stattdessen für die Produktion herkömmlicher Waffen verwendet worden, wäre der Sieg der Alliierten über Deutschland womöglich schwieriger gewesen.

Grauen im Untergrund

Nach einer Bombardierung durch die Briten im August 1943, die von den Forschungsarbeiten in Peenemünde erfahren hatten, und der teilweisen Zerstörung der Produktionsanlagen wurde die Versuchsanstalt einen Monat später in den Harz verlegt. Endgültig geräumt wurde das Peenemünder Gelände aber erst im Februar 1945.

Das Rüstungsministerium der Nationalsozialisten hatte entschieden, die Raketenproduktion von nun an unterirdisch weiterzuführen, und sich deshalb für einen Standort im Kohnstein in der Nähe von Nordhausen in Thüringen entschieden, wo bereits seit 1936 ein unterirdisches Treibstofflager für die Wehrmacht in den Berg gebaut worden war.

Die eigentliche Raketenproduktion begann hier erst im Januar 1944 unter Leitung des Ingeni-

Schon gewusst?

Noch heute ist der 300-Einwohner-Ort Peenemünde von diesem Kapitel seiner Geschichte geprägt, von dem beispielsweise das 1991 eröffnete Raketen- und Raumfahrtmuseum, das Historisch-Technische Informationszentrum (HTI), Zeugnis ablegt. Außer über die Entwicklung der V2-Rakete informiert das Museum, das zu den besucherstärksten Museen Mecklenburg-Vorpommerns zählt, auch über die Schicksale der hier stationierten Fremdarbeiter und KZ-Häftlinge. Im Freigelände sind neben Raketen auch verschiedene Flugzeuge und Hubschrauber sowie ein Raketenschiff zu sehen. Auch das Gelände des ehemaligen Konzentrationslagers am Kohnstein kann heute noch besichtigt werden. 1995 entstand dort die Gedenkstätte Mittelbau-Dora. Neben dem original erhaltenen Krematorium und etwa 80 weiteren denkmalgeschützten Einzelobjekten können im Rahmen einer Führung auch etwa 8000 Quadratmeter des 120.000 Quadratmeter großen Stollensystems besichtigt werden, das aufgrund von sowjetischen Sprengungen im Jahr 1948 und des im Lauf der Zeit eingedrungenen Grundwassers großteils unter Wasser steht.

eurs Arthur Rudolph, der sich zunächst um eine serienmäßige Produktion von V2-Raketen bemühte und ab Sommer 1944 außerdem die Herstellung der Flügelbombe V1 übernahm. Um die Stollen weiter auszubauen und später für die Raketenproduktion die notwendigen Arbeiter zur Verfügung zu haben, wurde das Konzentrationslager Dora eingerichtet, eine Außenstelle des Konzentrationslagers Buchenwald, die auch unter dem Namen Dora-Mittelbau oder Dora-Mittelwerk bekannt wurde. Bereits Ende August 1943 trafen die ersten Zwangsarbeiter am Kohnstein ein, wo eines der berüchtigtsten Lager entstand. Über 60.000 Häftlinge, meist Russen, Polen und Franzosen, wurden zwischen 1943 und 1945 nach Dora gebracht, von denen mehr als 20.000 dort ihren Tod fanden. Bei der Produktion der V2-Raketen, von denen insgesamt beinahe 6000 Stück hergestellt wurden, kamen damit weit mehr Menschen ums Leben, als bei den militärischen Einsätzen der Waffe vernichtet wurden.

Außerdem gab es Planungen für weitere Raketenmodelle, von Aggregat 4b bis Aggregat 12, die großteils über das Planungsstadium nicht hinauskamen. Eines von ihnen, die dreistufige A-11, die mit einer geplanten Schubkraft von 1700 Tonnen die Fähigkeit haben sollte, die Erdanziehungskraft zu überwinden, sollte viele Jahre später die Grundlage für die Saturnträgerrakete werden.

Der Wettlauf zum Mond

Mit dem Ende des Zweiten Weltkriegs begann auch auf dem Gebiet der Raketentechnik ein völlig neues Kapitel. Der Kalte Krieg zwischen der Sowjetunion und den Vereinigten Staaten von Amerika beschränkte sich keineswegs auf militärische Bereiche, vielmehr waren die beiden Großmächte mit ihren konträren politischen und gesellschaftlichen Grundlagen zusätzlich bestrebt, durch prestigeträchtige wissenschaftliche und technische Entwicklungen das Bild von der eigenen Fortschrittlichkeit in den Augen der Weltöffentlichkeit ins rechte Licht zu setzen. Dieses Konkurrenzdenken gipfelte schließlich in den 1950er- und 1960er-Jahren in einem Kampf um die Vorherrschaft im Weltall, dessen Höhepunkt der Wettlauf zum Mond werden sollte.

Das Erbe von Peenemünde

Zwischen den ehemaligen Verbündeten Sowjetunion und USA begann bereits kurz nach Kriegsende in den besetzten Gebieten Deutschlands ein Wettlauf um die unter den Nationalsozialisten entwickelten Technologien und die an ihnen beteiligten Fachleute aus allen Bereichen von Forschung, Technik, Industrie und Rüstung.

Sowjetische Besatzer

Ab Oktober 1946 wurden deshalb von den Sowjetrussen etwa 10.000 Fachleute aus allen technischen und wissenschaftlichen Bereichen mit ihren Familien aus der russischen Besatzungszone Richtung Osten deportiert: Die Orte, an denen sie arbeiten sollten, waren geheim, und ebenso wenig war über die Zukunft der Deportierten bekannt. Lediglich über den vorgesehenen Zeitraum ihrer Tätigkeit hatte man sie in Kenntnis gesetzt: Ganze fünf Jahre sollte ihre Arbeit im Dienste der Sowjetunion dauern.

Die beiden zentralen Orte für die deutschen Raketenforscher waren die Fertigungsanlagen des Werkes NII-88 in Podlipki bei Moskau und die von der Außenwelt abgeschirmte Insel Gorodomlia im Seliger See bei Ostaschkow, wo sich die Forschungsgebäude und Prüfstände, aber auch die Wohnungen der Familien der Wissenschaftler befanden. Der Leiter der Gruppe war Helmut Gröttrup (1916–81), der es ein Jahr zuvor abgelehnt hatte, mit Wernher von Braun und den anderen in die USA zu gehen, da er sich nicht von seiner Familie trennen wollte. Gröttrup, der u. a. an der Entwicklung des Steuerungssystems der A-4 beteiligt gewesen war, hatte zunächst über ein Jahr lang in der sowjetischen Besatzungszone gegen gute Bezahlung für die Russen gearbeitet, bevor er mit den übrigen Wissenschaftlern deportiert wurde. Er war der einzige wirklich namhafte deutsche Raketentechniker, den die Russen für ihr Raketenprogramm gewinnen konnten.

Wie auch bereits in Deutschland unterstanden die Raketenspezialisten an ihrem neuen Arbeitsplatz der Leitung von Sergej Pawlowitsch Koroljow, dem bedeutendsten Raketenpionier der Sowjetunion.

Sergej Koroljow auf einer sowjetischen Briefmarke

Im ersten Jahr arbeiteten die deutschen Wissenschaftler an der R-1, einer Kopie der deutschen A-4-Rakete, sowie der R-2, einer flüssigkeitsbetriebenen Kurzstreckenrakete, die auf der Basis der A-4 und R-1 entwickelt wurde. Bereits Ende 1947 waren die Arbeiten jedoch so weit fortgeschritten, dass die Russen der Ansicht waren, fortan auf die Mitarbeit der Deutschen verzichten zu können. Dennoch mussten sie sich bis zum Beginn der 1950er-Jahre und teilweise sogar bis 1958 gedulden, bis sie in ihre Heimat zurückkehren durften, da sie zu gut über den Entwicklungsstand der sowjetischen Raumfahrtforschung informiert waren.

Eine wirkliche Zusammenarbeit auf dem Gebiet der Raumfahrttechnik zwischen den deutschen und den sowjetischen Ingenieuren hatte es dabei von Anfang an nicht gegeben. Die technologischen Kenntnisse der Deutschen wurden von den Sowjets lediglich dazu benutzt, ihre eigenen Projekte schneller voranzutreiben. Entwürfe wie die eines zweisitzigen Raumfahrzeugs, wie sie auf Gorodomlia ausgearbeitet wurden, blieben Träume der deutschen Wissenschaftler, denn sowohl für die Sowjetunion als auch für die USA waren die deutschen Errungenschaften auf dem Gebiet der Raketentechnik anfangs vor allem in militärischer Hinsicht interessant. Das Raumfahrtthema und seine propagandistische Nutzung wurde überhaupt erst Mitte der 1950er-Jahre in der UdSSR zu einem offiziellen Ziel.

Amerikanische Besatzer

Bezüglich der Kriegsbeute auf dem Gebiet der Raketenforschung hatten es die USA weitaus besser getroffen als die UdSSR. Zwar lag das Konzentrationslager Dora-Mittelwerk in Thüringen und damit im sowjetischen Besatzungs-

? Schon gewusst?

Die USA und die Sowjetunion waren nicht die einzigen Länder, in denen nach dem Zweiten Weltkrieg Forschungen und Experimente zur Raketentechnik durchgeführt wurden. In Deutschland war aufgrund der Vorgeschichte nach wie vor das Interesse an dieser Thematik vorhanden, auch wenn der Großteil der Wissenschaftler nicht im Land geblieben war. Am 25. September 1947 wurde die Arbeitsgruppe Weltraumfahrt gegründet, aus der ein Jahr später die Gesellschaft für Weltraumforschung wurde. Zunächst waren zwar in dem zerstörten Land weder die finanziellen Mittel für derartige Versuche vorhanden noch war es möglich, sich unter den Augen der Besatzungsmächte mit dem Bau neuer Raketen zu befassen. Zu Beginn der 1950er-Jahre, in den Anfangsjahren der neu gegründeten Bundesrepublik, änderte sich das jedoch. Karl Poggensee, der bereits vor mehr als 20 Jahren erfolgreich mit den ersten Feststoffraketen experimentiert und während des Krieges in Peenemünde gearbeitet hatte, erhielt 1952 die behördliche Genehmigung, im niedersächsischen Hespenbusch Versuche zur Raketentechnik durchzuführen. Poggensees finanzielle Mittel waren äußerst beschränkt, und so waren es Dinge aus dem Alltag – Papprollen, Milchkannen und Ähnliches – die er für den Bau seiner Raketen verwendete. Poggensee war es auch, der 1952 die DAFRA, die Deutsche Arbeitsgesellschaft für Raketenangelegenheiten, gegründet hatte, die bald in Deutsche Raketengesellschaft e.V. (DRG) umbenannt wurde.

gebiet, doch waren es die Streitkräfte der Amerikaner gewesen, die es am 11. April 1945 befreit hatten und die daraufhin alles abtransportierten, was ihnen nützlich und wertvoll erschien. Zu ihrer Beute gehörten nicht nur zahlreiche wichtige Dokumente sowie die in den Stollen des Kohnsteins vorhandenen Maschinen, sondern auch mehr als 100 zum Teil noch unfertige V2-Raketen bzw. deren Einzelteile.

Außerdem gelang es den Amerikanern bereits im September 1945 im Rahmen der „Operation Overcast“, bei der möglichst viele Wissenschaftler und Techniker mit militärisch relevanten Kenntnissen in die USA gebracht werden sollten, die sieben ersten Raketenfachleute aus dem Peenemünder Team, unter ihnen Wernher von Braun, nach Amerika zu holen. Bis 1948 sollten ihnen 485 weitere deutsche und österreichische Wissenschaftler mit ihren Familien folgen. Unter dem Codenamen „Operation Paperclip“ erfolgte ihre Einbürgerung in den USA. Im Oktober 1945 fanden im Rahmen der „Operation Backfire“ in der Nähe von Cuxhaven noch drei Starts von A-4-Raketen in Anwesenheit von verschiedenen Militärvertretern der Alliierten statt, um ihnen die Funktionsweise der sogenannten „Wunderwaffe“ zu demonstrieren. Zwischen 1946 und 1952 führten die Amerikaner

Wernher von Braun stellt sich am 2. Mai 1945 den US-Besatzern

Das deutsche Raketenteam nach dem Zweiten Weltkrieg in Fort Bliss, Texas

dann auf dem Testgelände der US-Army in White Sands, New Mexico, insgesamt 67 Starts mit den erbeuteten A-4-Raketen durch. Auf der Grundlage der A-4 wurde zur gleichen Zeit die Bumper oder RTV-G-4 entwickelt, die erste zweistufige Rakete mit Flüssigkeitstreibstoff, bei der auf die A-4 als zweite Stufe eine WAC-Corporal-Rakete, die erste in den USA entwickelte Höhenforschungsrakete, aufgesetzt wurde.

Trotz des gewaltigen Vorsprungs an Material und Wissenschaftlern sollte es den Amerikanern jedoch nicht gelingen, den Wettkampf um die Vorherrschaft im Weltraum, der in den Folgejahren entbrannte, ganz zu ihren Gunsten

? Schon gewusst?

Mit dem Beitritt Berthold Seligers (*1928) 1960 zur Deutschen Raketengesellschaft begannen dann die ersten Veränderungen, die 1964 schließlich zur Beendigung der Raketenversuche im Cuxhavener Wattenmeer führen sollten. Seliger entwickelte dort ab 1962 auch mehrere zwei- und dreistufige Raketentypen, die militärisch verwertbar waren. Nach einer Vorführung seiner Raketen durch Seliger vor einigen Militärvertretern aus Nicht-NATO-Ländern Ende 1963, die vor allem zu starken Protesten durch die Sowjetunion führte, trennte sich die DRG zwar von Seliger, doch nach einem Unfall Mitte 1964, bei dem drei Menschen ums Leben kamen, wurden sämtliche Raketentests, die eine Höhe von 100 Metern überschritten, untersagt. Etwa 500 zivile Flugkörper waren in den Jahren zwischen 1957 und 1964 bei Cuxhaven gestartet worden, angefangen von kleinen Modellen für die Seenotrettung bis hin zu Höhenforschungsraketen mit einer Aufstiegshöhe von mehr als 100 Kilometern.

zu entscheiden. Ihr größter Fehler war die Trennung der wissenschaftlichen Abteilungen von Heer, Luftwaffe und Marine, wodurch eine produktive und koordinierte Entwicklung auf dem Gebiet der Raketentechnik verhindert wurde.

Signale aus dem All

Zu Beginn der 1950er-Jahre wurde auf internationale Veranlassung hin beschlossen, anlässlich des Jubiläums der beiden Internationalen Polarjahre 1882/83 und 1932/33 vom 1. Juli 1957 bis zum 31. Dezember 1958 wieder ein internationales Wissenschaftsjahr stattfinden zu lassen. Diesmal aber entschied man sich dafür, sich nicht nur auf die Polarforschung zu konzentrieren, sondern die weltweiten Forschungen auch auf alle übrigen Bereiche der Geophysik auszudehnen. Die Fortschritte in der Raketentechnik sollten dabei eine Voraussetzung für die Erforschung der Atmosphäre und des angrenzenden Weltraums bilden. Das Internationale Geophysikalische Jahr (IGY, International Geophysical Year), an dem Wissenschaftler aus knapp 70 Staaten teilnahmen, war der Anlass für den damaligen Präsidenten der USA Dwight D. Eisenhower (1890–1969) am 29. Juli 1955 als Beitrag der Vereinigten Staaten die Konstruktion eines Erdsatelliten anzu-

? Schon gewusst?

Für das Erreichen einer Umlaufbahn um die Erde ist eine Mindestgeschwindigkeit von 7,9 Kilometern pro Sekunde (erste kosmische Geschwindigkeit oder Kreisbahngeschwindigkeit) notwendig. Bei dieser Geschwindigkeit heben sich Erdanziehungskraft und Zentrifugalkraft gegenseitig auf, sodass ein Satellit die Erde ohne eigene Antriebskraft umkreisen kann, ohne auf sie zurückzufallen.

Je größer die Geschwindigkeit des Satelliten ist, desto mehr verformt sich seine Umlaufbahn zu einer Ellipse mit zunehmender Exzentrizität. Liegt der erdfernste Punkt der Umlaufbahn jedoch im Unendlichen, so ist auch eine elliptische Umlaufbahn nicht mehr möglich, und der Satellit entfernt sich auf einer Parabelbahn von dem Planeten. Die dafür benötigte Geschwindigkeit wird als zweite kosmische Geschwindigkeit, Fluchtgeschwindigkeit oder Entweichgeschwindigkeit bezeichnet. Unter der dritten und vierten kosmischen Geschwindigkeit werden die Geschwindigkeiten verstanden, die benötigt werden, um unser Sonnensystem bzw. die Milchstraße zu verlassen.

Dwight D. Eisenhower

kündigen. Nur vier Tage später zog die Sowjetunion nach, und Leonid Sedow (1907–99), der Vorsitzende des sowjetischen Raumfahrtprogramms, konterte, dass auch die UdSSR demnächst einen künstlichen Satelliten in eine Erdumlaufbahn bringen würde.

Der Konflikt, der bisher nur unterschwellig geschwelt hatte, war nun öffentlich geworden. Der Kampf um die Vormachtstellung im Weltraum zwischen den USA und der UdSSR hatte begonnen. Zugleich aber bedeutete dies auch, dass von nun an bei beiden Staaten das zivile Raumfahrtprogramm gleichrangig neben der Raketenforschung für militärische Zwecke stand.

Während es in den USA verschiedene Gruppen von Wissenschaftlern und sogar mehrere staatliche Organisationen waren, die sich mit der Konstruktion des angekündigten künstlichen Erdsatelliten befassten, war es in der Sowjetunion ein einziger Mann, der für das Erreichen dieses Ziels verantwortlich war: Sergej Pawlowitsch Koroljow.

Sergej Pawlowitsch Koroljow

Sergej Koroljow wurde am 12. Januar 1907 in Shitomir in der Ukraine geboren. Da sich seine Eltern schon bald nach seiner Geburt trennten, wuchs er ab dem dritten Lebensjahr bei seinen Großeltern in Nischyn auf. Nach dem Studium am Polytechnischen Institut in Kiew ging er zunächst an die Technische Universität in Moskau, wo er sich bereits zu dieser Zeit mit Raketenantrieben beschäftigte. Ab 1927 arbeitete er für die Luftfahrtindustrie, 1931 war er an der Gründung der Moskauer GIRD (Gruppe zum Studium der Rückstoßbewegung) beteiligt, und 1933 veröffentlichte er seine Arbeit *Der Raketenflug in der Stratosphäre.*

Bald wurde die Führung des Kriegsministeriums auf Koroljow aufmerksam und er trat in die Dienste der Roten Armee. Im Zuge der Großen Säuberungsaktion durch Josef Stalin wurde Koroljow jedoch am 27. Juni 1938 vom KGB verhaftet und zu zehn Jahren Arbeitslager verurteilt. Zunächst kam er in eines der berüchtigsten Gefangenenlager im sibirischen Kolymagebiet, das durch Alexander Solschenizyns Roman *Archipel Gulag* 1974 weltberühmt wurde. Während des Zweiten Weltkriegs erinnerte man sich jedoch an seine Fähigkeiten, und Koroljow wurde 1942 zurück nach Moskau geholt, wo er Zusatztriebwerke für Jagdflugzeuge konstruierte. Nach dem Krieg wurde Koroljow nach Deutschland geschickt, um sich über den dortigen Stand der Raketenforschung zu informieren und möglichst viele deutsche Forscher in die Sowjetunion zu bringen. Im Gegensatz zu den Amerikanern hatte Koroljow jedoch kein Interesse an einer Zusammenarbeit mit den deutschen Wissenschaftlern, sondern nutzte lediglich ihr Wissen als Grundlage für eigene Entwicklungen. Das Interesse der Sowjetunion an der Raketentechnik war zunächst nur militärisch motiviert, doch Koroljow bemühte sich, gleichzeitig auch ein ziviles Raketenprogramm aufzubauen.

Koroljow mit einem Hund aus dem Sputnikprogramm

! Mr. X

Eine der größten Unbekannten im Wettlauf der beiden Großmächte um die Vorherrschaft im All war für die USA die Person des genialen Konstrukteurs der Sowjets, Sergej Pawlowitsch Koroljow, der deshalb von ihnen nur als „Mister X" oder auch als „Das Integral" (eine Anleihe aus dem berühmten Science-Fiction-Roman *Wir* des russischen Schriftstellers Jewgenij Samjatin von 1920) bezeichnet wurde. Aber sogar in der Sowjetunion war „Der Chefkonstrukteur", wie er dort genannt wurde, kaum jemandem bekannt. Seine Person unterstand ebenso wie seine Arbeit der höchsten Geheimhaltung. Den Ruhm und die Anerkennung für seine Leistungen konnte er deshalb zu Lebzeiten niemals genießen. Dies ging teilweise sogar so weit, dass ihm der Zutritt zu den Starts seiner eigenen Raketen verwehrt wurde. Erst nach seinem Tod, als seine Urne zur Ehrung seiner großen Verdienste in der Kremlmauer in Moskau beigesetzt wurde, wurde sein Name auf der ganzen Welt bekannt.

Von 1946 bis 1966 war Sergej Koroljow Direktor des legendären Experimentalkonstruktionsbüros OKB-1, das seit 1994 unter dem Namen RKK Energija (Raketno-Kosmitscheskaja Korporazija Energija imeni S. P. Koroljova) der größte Raumfahrtkonzern Russlands mit 25.000 Mitarbeitern ist. Über zwei Jahrzehnte lang war Koroljow der wichtigste Mann der sowjetischen Raumfahrt. Zu seinen Entwicklungen gehörten die weltweit erste Interkontinentalrakete (R-7), der erste künstliche Satellit (Sputnik) und die erste Rakete, mit der ein Mensch in den Weltraum flog (Wostok-A-1).
Mit zunehmendem Alter zeigte sich aber auch, dass die Strapazen, denen Koroljow während der Jahre im Arbeitslager ausgesetzt gewesen war, nicht spurlos an ihm vorübergegangen waren. Im Dezember 1960 erlitt er den ersten Herzinfarkt, dem weitere folgen sollten. Am 5. Januar 1966 wurde bei Koroljow ein Tumor am Dickdarm diagnostiziert. Am 14. Januar 1966 starb er während der Operation an Herzschwäche. Seine Urne wurde in der Kremlmauer am Roten Platz in Moskau, dem russischen Ehrenfriedhof, beigesetzt.

Sergej Koroljow, Denkmal in Baikonur

Ein sowjetischer Satellit

Da die Ankündigung eines eigenen sowjetischen Satelliten durch Leonid Sedow in erster Linie eine Reaktion auf das Vorhaben der Amerikaner gewesen war, mussten nun schnellstmöglich die Pläne sowohl für einen Satelliten als auch für eine geeignete Trägerrakete entwickelt werden.
Schon seit einigen Jahren hatte Koroljow, angeregt von seinem Freund, dem Ingenieur Michail Klawdjewitsch Tichonrawow (1900–74), an Plänen für einen Erdsatelliten gearbeitet, bei dessen Gesamtmasse von 1 bis 1,4 Tonnen 200–300 Kilogramm für Forschungsgeräte vorgesehen waren, doch als rein ziviles Projekt waren seine Chancen auf eine Genehmigung äußerst gering gewesen. Nun hatte sich die Situation grundlegend geändert. Koroljow und sein Planungsbüro arbeiteten auf Hochtouren an der Fertigstellung der Pläne. Bereits im Januar 1956 wurden sie in ganzem Umfang bewilligt. Doch schon bald stellte sich heraus, dass der Bau dieses Satelliten innerhalb der vor-

gegebenen Frist nicht durchführbar war. Der Wettlauf mit den USA hatte jedoch sowohl für die sowjetische Führung als auch für Koroljow selbst oberste Priorität und so konstruierte er einen neuen Satelliten ohne jeglichen wissenschaftlichen Zweck. Sein einziges Ziel war es, der Erste im Weltall zu sein. Unter der Bezeichnung PS1 bzw. Iskusstwennij Sputnik Semlja („Künstlicher Begleiter der Erde") sollte er dieses Ziel auch erreichen. Die Pläne für den ursprünglichen Wissenschaftssatelliten gab Koroljow jedoch nicht auf. Als Sputnik 3 (auch Objekt-D) sollte er bereits am 15. Mai 1958 auf seine Umlaufbahn gebracht werden, wo er im April 1960 verglühte.

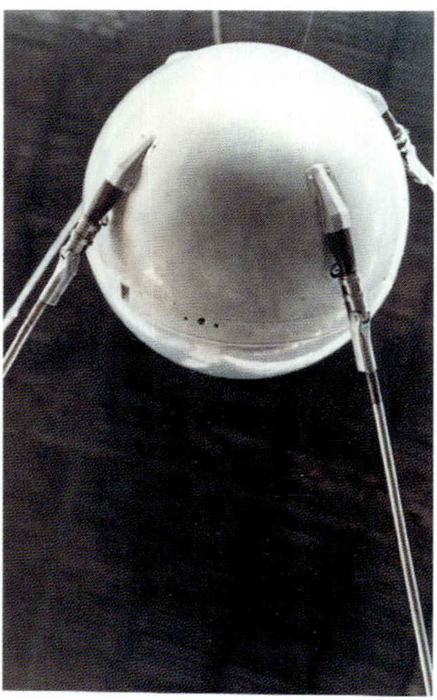

Sputnik 1

? Schon gewusst?

Auch in Koroljows Team lief nicht immer alles ganz harmonisch und einstimmig ab. Doch gelang es ihm stets, auch im Kreis seiner Kollegen seine Meinung durchzusetzen. Einer der Gründe dafür war sein überaus gutes Verhältnis zu Nikita Chruschtschow, der 1953 nach dem Tod Stalins Parteichef der KPdSU geworden war, und zu dem er eine direkte Telefonverbindung in den Kreml hatte. Ein anderer war sein äußerst dominantes Wesen, das kaum einen Widerspruch zuließ. „Finden wir eine Kompromisslösung – machen wir es so, wie ich es sage", mit diesem Ausspruch pflegte er langwierige Diskussionen zu beenden.

Da die USA mit Informationen über den Stand ihres Satellitenprojektes aus Propagandagründen ziemlich freigebig umgingen, konnten sich die Sowjets mit ihrer Zeitplanung recht gut an den amerikanischen Plänen orientieren. Als im Sommer 1957 die Vorbereitungen für einen amerikanischen Satellitenstart immer konkreter wurden, begann auch die UdSSR damit, ihre Raketentestflüge zu intensivieren. Dabei ist bis heute der Zweck eines Fluges am 7. September 1957, der selbst in den Unterlagen der beteiligten Techniker kaum erwähnt ist, nicht geklärt. Deshalb wird in Fachkrei-

Weltraumbahnhof Baikonur mit Sputnikstartrampe von 1957

sen vermutet, dass es sich bei diesem Start bereits um den ersten, aber missglückten Versuch gehandelt hat, einen Satelliten in die Umlaufbahn zu bringen.

In der Nacht vom 4. zum 5. Oktober 1957 war es dann aber tatsächlich so weit. Um 0 Uhr 28 Ortszeit hob die Rakete mit dem Sputnik (russ., „Begleiter") vom Kosmodrom Tjura Tam, dem heutigen Weltraumbahnhof Baikonur, ab.

Als Trägerrakete für seinen Satelliten hatte Koroljow eine modifizierte Version der von ihm im OKB-1 in Kaliningrad selbst entwickelten Interkontinentalrakete R-7 gewählt. Sie hatte ein Startgewicht von 260 Tonnen, ihre Nutzlastkapazität war damit also bei Weitem nicht ausgereizt. Auf diese Weise war es Koroljow jedoch möglich, die Starts seiner folgenden Sputniks durchzuführen, ohne dafür die Trägerrakete noch einmal modifizieren zu müssen.

Noch in derselben Nacht wurden die ersten Daten zur Sputnikmission über Radio Moskau ausgestrahlt, zu einem Zeitpunkt, als der Sputnik die Erde bereits mehrfach umrundet hatte. Denn im Gegensatz zu den USA wollte die Führung der UdSSR über den erfolgreichen Start und Betrieb ihres Satelliten erst vollständig sicher sein, bevor sie die Weltöffentlichkeit daran Anteil nehmen ließ. In der Bekanntmachung hieß es:

„... Gegenwärtig beschreibt der

Satellit eine elliptische Bahn um die Erde, und sein Umlauf kann in den Strahlen der auf- und untergehenden Sonne mit den einfachsten optischen Instrumenten (Feldstecher, Fernrohre usw.) betrachtet werden. Aus den durch direkte Beobachtungen bestätigten Berechnungen geht hervor, dass sich der Satellit in 900 Kilometer Höhe fortbewegt und in 1 Stunde und 35 Minuten einmal um die Erde fliegt. ... Das sowjetische Radio wird regelmäßig Informationen über die künftige Entwicklung des Satelliten verbreiten. Der erste Satellit hat die Form einer Kugel von 58 Zentimeter Durchmesser und wiegt 83,6 Kilogramm. Er ist mit zwei Radiosendern versehen, die ununterbrochen auf Wellenlängen von rund 15 und 7,5 Metern Zeichen geben. Die Stärke der Sender ermöglicht den Radioamateuren, die Radiosignale des Satelliten unter günstigen Bedingungen zu empfangen ..."

Der Jubel und die Begeisterung, die sich unter den Zuschauern des geglückten Starts des ersten künstlichen Erdsatelliten der Welt erhoben, breiteten sich bald über die ganze Welt aus. Selbst die sonst eher nüchterne *Frankfurter Allgemeine Zeitung* titelte in riesigen Lettern: „Das planetarische Zeitalter hat begonnen." Sogar das amerikanische Fernsehen hatte sein Abendprogramm unterbrochen, um die Signale aus dem All der ganzen amerikanischen Bevölkerung zu präsentieren.

Drei Wochen lang war das Piep-Piep des Sputniks auf der ganzen Welt zu empfangen, dann waren die Batterien des Satelliten leer. Um ein einwandfreies Arbeiten der beiden Sender zu gewährleisten, wurde die Temperatur im Inneren des Satelliten mithilfe von Stickstoff, eines Ventilators und eines einfachen Regulationssystems

? Schon gewusst?

Mit einer selbst konstruierten Funkanlage, die aus einem ausgeliehenen Kurzwellenempfänger im Einkochkeller seines Hauses und einer Menge im Garten verteilter Drähte, die als Antennen dienten, bestand, empfing der Bochumer Funkamateur Heinz Kaminski am 5. Oktober 1957 als einer der Ersten im Westen die Funksignale der sowjetischen Raumsonde Sputnik 1. Aus Kaminskis „Sputnik-Keller" wurde die durch Spenden Bochumer Arbeiter finanzierte Volkssternwarte, die in kürzester Zeit zum westdeutschen Weltraumnachrichtenplatz avancierte. Seit 1982 wird das bis dahin städtische „Institut für Weltraumforschung" von dem privaten Trägerverein „Institut für Umwelt und Zukunftsforschung IUZ" betrieben.

auf 20 bis 30 Grad Celsius gehalten. Bis zum 4. Januar 1958 blieb der Sputnik noch im Weltall und umkreiste auf einer immer enger werdenden Bahn die Erde, dann verglühte er in der Erdatmosphäre.

Der Sputnik-Schock

Als die Amerikaner sich mit dem Start des weltweit ersten Erdsatelliten durch die Sowjetunion konfrontiert sahen, war es für sie ein Schock sondersgleichen. Obwohl die UdSSR ihre diesbezüglichen Pläne bereits zwei Jahre zuvor für das „Geophysikalische Jahr" angekündigt hatte, hatte keiner der amerikanischen Fachleute damit gerechnet, dass sie das Ergebnis ihrer Forschungen bereits so früh präsentieren konnten. Ein Land, das gemeinhin als technologisch rückständig galt und das vor allem auch in finanzieller Hinsicht in keinster Weise mit den USA mithalten konnte, hatte die Supermacht Amerika auf einem Gebiet besiegt, auf dem sie sich selbst für das Maß aller Dinge hielt. Und es waren nicht nur die Wissenschaftler, die Politiker und das Militär, die von diesem Ereignis wie vor den Kopf gestoßen waren. Das ganze amerikanische Volk fühlte sich in seinem Nationalstolz tief getroffen.

Die internationale Blamage, dass das kommunistische Sowjetreich die Industriemacht der Amerikaner geschlagen hatte, war allerdings nicht der einzige Grund für den sogenannten Sputnik-Schock der USA. Hinzu kam auch die Tatsache, dass nun jeder wusste, dass die UdSSR den Rückstand auf die bisher militärtechnisch haushoch überlegenen USA ausgeglichen hatte. Es war auf einmal klar, dass auch die UdSSR über Interkontinentalraketen verfügen musste. Bei einem eventuellen atomaren Erstschlag war die Gegenseite in der Lage zurückzuschlagen; aus der einseitigen Bedrohung war eine gegenseitige geworden.

Aber auch in den übrigen Ländern der Erde hatte kaum jemand dem kommunistischen Sowjetregime eine solche technologische und wirtschaftliche Leistungsfähigkeit zugetraut. Der Propagandaeffekt des Sputnikstarts war so enorm, dass die UdSSR nun als gleichwertige Supermacht neben den USA angesehen wurde.

Das amerikanische Vanguardprogramm

Der künstliche Satellit, mit dem der amerikanische Präsident Dwight D. Eisenhower der ganzen Welt die technologische Überlegenheit seines Landes hatte demonstrieren wollen, startete erst ungefähr vier Monate später als der sowjetische Sputnik, am 31. Januar 1958. Es war der von Wernher von Braun entwickelte Explorer 1. Vorangegangen war ein inneramerikanischer Wettstreit zwischen der Marine und der Armee um den ersten amerikanischen Satelliten, der letztendlich mitverantwortlich für die Niederlage der Amerikaner bei diesem Unternehmen war.

Vanguardrakete

Bereits 1954, also ein Jahr vor der Ankündigung durch Eisenhower, reifte in Amerika im Hinblick auf das Internationale Geophysikalische Jahr der Gedanke, einen mit einer Vielzahl von Messgeräten ausgestatteten Satelliten auf eine Erdumlaufbahn zu schicken, und man hatte bereits zu diesem Zeitpunkt mit den ersten Planungen für dieses Unternehmen begonnen. Die zuständigen Behörden entschieden sich für das von Wernher von Braun konzipierte Orbiterprojekt, das vorsah, mittels einer von ihm selbst entwickelten Trägerrakete einen Satelliten der Marine in das Weltall zu transportieren. Von Braun allerdings arbeitete für die Armee, nicht für die Marine, und so kam es, dass diese kurzfristig eine von einem ihrer eigenen Ingenieure konstruierte Trägerrakete einsetzen wollte. Unter dem Namen „Vanguard" sollte nun eine umgebaute Vikingrakete einen wesentlich kleineren Satelliten in einen Erdorbit befördern. Und obwohl der hierfür vorgesehene Starttermin erst im Jahr 1958 lag, wurde das für Herbst 1957 geplante Orbiterprojekt zu seinen Gunsten verworfen, da man die Ankündigung des sowjetischen Satelliten ohnehin nicht wirklich ernst nahm.

Das Vanguardprogramm, das unter der Leitung des Astronomen John P. Hagen (1908–90) durchgeführt wurde, sollte sich jedoch als einer der größten Misserfolge der amerikanischen Raumfahrt entpuppen. Die Trägerrakete war eine dreistufige Rakete auf der Basis der einstufigen Viking-Höhenforschungsrakete, die 1954 mit einer erreichten Höhe von 254 Kilometern einen Höhenrekord für einstufige Raketen aufgestellt hatte, mit einer Gesamtmasse von 10,5 Tonnen und einer Schubkraft von 120 Kilonewton. Sie hatte von Anfang an keine Zukunft, da sie lediglich eine maximale Nutzlast von 40 Kilogramm befördern konnte. Der für das Vanguardprojekt vorgesehene Satellit hatte dementsprechend auch nur einen Durchmesser von 16 Zentimetern und ein Gewicht von 1,5 Kilogramm.

Als die Sowjetunion die Amerikaner und die restliche Welt im Oktober 1957 mit dem Sputnikstart überrascht hatte, versuchte Hagen, den Start seines Satelliten nun wenigstens so schnell wie möglich folgen zu lassen, und der erste Start wurde – früher als geplant – bereits für den 4. Dezember desselben Jahres angekündigt. Im Gegensatz zum Sputnikstart, der ohne Beteiligung der Öffentlichkeit stattgefunden hatte, sollte jetzt wenigstens das angeschlagene Image der amerikanischen Raumfahrt durch die Live-Übertragung dieses Ereignisses im Fernsehen und die Anwesenheit von Journalisten aus aller Welt wieder ein wenig aufpoliert werden. Doch das groß angekündigte Spektakel wurde zum Desaster. Der Countdown verzögerte sich, wurde abgebrochen und erst am 6. Dezember wieder aufgenommen. Die Rakete erhob sich nur wenige Meter über die Startplattform, dann explodierte sie.

Explosion der Vanguardrakete kurz nach dem Start am 6. Dezember

Auch der nächste Startversuch am 5. Februar 1958 misslang. Nur drei von den insgesamt zwölf Starts, die bis 1959 stattfanden, waren erfolgreich. Der erste von drei Satelliten aus dem Vanguardprogramm wurde am 17. März 1958 auf eine Erdumlaufbahn gebracht. Er war mit Solarzellen ausgestattet und so konnte man sieben Jahre lang seine Signale verfolgen und anhand ihrer Veränderungen die Unregelmäßigkeiten der Erdkugel berechnen.

Vanguard 1, der wegen seiner geringen Größe von dem sowjetischen Parteiführer Nikita Chruschtschow als „Grapefruit-Satellit" bezeichnet wurde, umkreist auch heute noch, mehr als 50 Jahre nach seinem Start, in einer Höhe von 654 bis 3969 Kilometern die Erde. Er ist damit der älteste künstliche Himmelskörper in einer Erdumlaufbahn. Nach neueren Berechnungen wird sogar davon ausgegangen, dass er noch etwa 2000 Jahre auf seiner Umlaufbahn bleiben und sich die Zahl seiner Erdumkreisungen, die mittlerweile bereits bei über 200.000 liegt, dementsprechend erhöhen wird. Obwohl die Funksignale von Vanguard 1 seit 1964

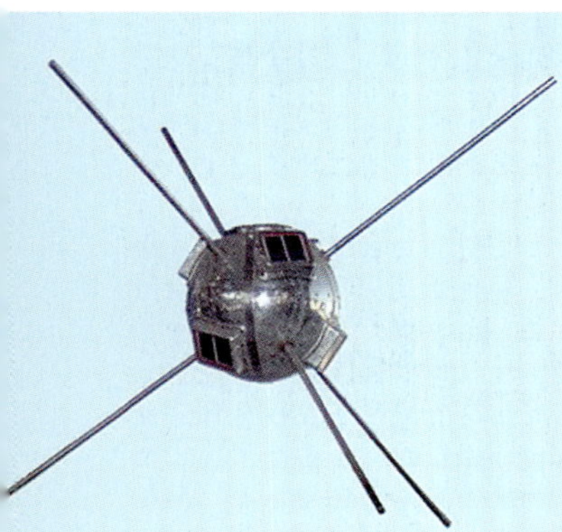

Vanguard 1

verstummt sind, ist die Messung seiner Umlaufbahnen für astronomische Zwecke immer noch von Bedeutung.

Das Explorerprogramm

Nach dem Sputnik-Schock und aufgrund der Schwierigkeiten bei dem ersten Startversuch des Vanguardprogramms besannen sich die Zuständigen kurz darauf wieder auf das Konzept, das Wernher von Braun zwei Jahre zuvor vorgelegt hatte und das jetzt unter dem Namen „Explorer" wieder auflebte. Das Explorerprogramm war überaus erfolgreich. Die Leitung hatte Wernher von Braun gemeinsam mit James van Allen (1914–2006) und William H. Pickering (1910–2004).

Der Start für die erste Explorermission wurde auf die Nacht vom 31. Januar auf den 1. Februar 1958 gelegt, nachdem er zweimal wegen ungünstiger Windverhältnisse hatte verschoben werden müssen. Es wurde ein Startfenster von vier Stunden geöffnet, innerhalb dessen der Start erfolgen musste. Um 22 Uhr 48 Ortszeit verließ die Jupiterrakete mit dem ersten amerikanischen Satelliten den Weltraumbahnhof Cape Canaveral Air Force Station (CCAFS) in Florida, um ihn in seine Erdumlaufbahn zu bringen, die in einer Höhe von etwa 360 bis 2530 Kilometern verlief. Ebenso wie bei Sputnik sank die Umlaufbahn des

Satelliten durch die Bremswirkung der Exosphäre, der obersten Atmosphärenschicht, mit der Zeit ab. Anhand der Bahnveränderungen konnten aufschlussreiche Beobachtungen zur Atmosphärendichte in den obersten Luftschichten gemacht werden, die man für wesentlich niedriger gehalten hatte. Am 31. März 1970, mehr als zwölf Jahre nach seinem Start, verglühte der Explorer 1100 Kilometer über der Erde.

Die Explorersatelliten selbst waren zwar nur 8,2 Kilogramm schwer, doch war bereits der Explorer 1 mit einem Magnetometer und einem Geigerzähler ausgestattet, sodass er auf seiner Umlaufbahn um die Erde, die in einer Höhe zwischen 341 und 2535 Kilometern verlief, ein Strahlungsfeld aus Sonnenwind und kosmischer Strahlung, den sogenannten Van-Allen-Strahlungsgürtel, entdeckte. Aber auch die meisten der späteren Missionen, u. a. zur Erforschung der Atmosphäre, der Magnetosphäre und der Ionosphäre, verliefen überaus erfolgreich.

Das Explorerprogramm ist bis heute aktiv. Insgesamt 100 Missionen wurden bisher gestartet,

James Pickering, James van Allen und Wernher von Braun feiern 1958 den gelungenen Start des Explorerprogramms

89 von ihnen waren erfolgreich. Zwei weitere Missionen sind derzeit geplant: 2009 die Mission WISE (Wide-Field Infrared Survey Explorer) zur Ausbringung eines Weltraum-Infrarotteleskops und 2011 die Mission NuSTAR (Nuclear Spectroscopic Telescope Array) mit einem orbitalen Röntgenstrahlungsteleskop für die Beobachtung von Quellen von Röntgenstrahlen, wie z. B. schwarzen Löchern.
Zwar war zum Zeitpunkt des Starts von Explorer 1 bereits der zweite Sputnik im All, dennoch feierten die Amerikaner – vor allem die Bürger der Südstaatengemeinde Huntsville, wo der Explorer von der Army Ballistic Missile Agency (ABMA), dem Entwicklungszentrum der Armee, gestartet war – den erfolgreichen Start schon fast wie einen Sieg über die Sowjetunion. Die Leute tanzten auf den Straßen und hielten Spruchbänder und Plakate in die Höhe, auf denen zu lesen stand: „Der Weltraum gehört uns" oder „Mach Platz, Sputnik!".

Ihre Freude sollte jedoch nicht allzu lange währen, denn während die Amerikaner noch um den Start ihres ersten Satelliten gekämpft hatten, hatten die Russen bereits an der Realisierung ihres nächsten Ziels gearbeitet: der Entsendung des ersten Menschen in den Weltraum.

Der erste Mensch im Weltall

Das nächste Ziel der Weltraumtechnik, so viel war sowohl im Westen als auch im Osten klar, konnte nur die Entsendung des ersten Menschen in den Weltraum sein. Wissenschaftliche Ziele zu verfolgen war wieder einmal zweitrangig geworden, auch wenn jetzt trotz des Wettrüstens im Kalten Krieg die zivile Ausrichtung der Raumfahrt einen neuen Stellenwert bekommen hatte. Was zählte waren in erster Linie Ergebnisse, die propagandistisch verwertbar waren. Wie ernst es der Sowjetunion damit war, auch bei diesem neuen Ziel die USA zu schlagen, zeigte sie nur wenige Wochen nach dem Start des ersten Sputniks.

Laika, Belka und Strelka

Bereits am 3. November 1957, also beinahe drei Monate, bevor es den USA gelang, ihren ersten Satelliten ins All zu schicken, ging Sputnik 2 an den Start. Allein schon die Dimensionen des kegelförmigen Satelliten, der trotz seines Gewichts von mehr als 500 Kilogramm und einer Höhe von annähernd 4 Metern mit der gleichen Trägerrakete starten konnte wie sein Vorgängermodell, erregten bei den Amerikanern ungläubiges Staunen. An Bord von Sputnik 2 aber befand sich außerdem ein Lebewesen: die Mischlingshündin Laika.

Wenn überhaupt, so hatte man wohl nur kurzzeitig geglaubt, die Hündin wieder heil auf die Erde zurückbringen zu können, denn so weit war selbst die Technik der Russen noch nicht ausgereift, dass ein sicherer Wiedereintritt in die Atmosphäre möglich gewesen wäre. Man hoffte aber, mithilfe verschiedenster Daten, die während des Fluges aus dem Satelliten an die Bodenstation übertragen werden sollten, Informationen über die Bedingungen zu erhalten, denen der Organismus während eines Raumfluges und vor allem in der Schwerelosigkeit ausgesetzt ist, sowie darüber, wie der Körper diese Bedingungen verkraftet.

Für Laika war eine Kabine von 0,8 Meter Länge und mit einem Durchmesser von 0,64 Metern in den Satelliten eingebaut worden, wie sie bereits seit einigen Jahren bei Höhenforschungsflügen mit R-2A-Raketen zum Einsatz kam, in der sie mit Futter, Wasser und Sauerstoff versorgt wurde. Druck und Temperatur in der Kabine wurden ständig überwacht, ebenso wie Blutdruck, Atemfrequenz und Herzschlag des Tieres. Die tageweise portionierten Futtervorräte und die lebenserhaltenden Systeme waren für einen Zeitraum von 20 Tagen ausgelegt, wobei die Hündin mit den letzten Portionen eingeschläfert worden wäre. Außerdem war sie mit einem Behältnis verbunden, das Kot und Urin aufnehmen sollte. Obwohl

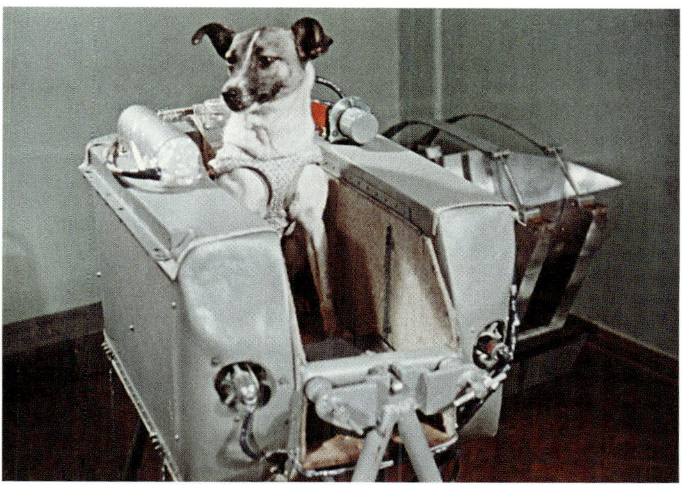

Laika in Sputnik 2

die Kabine so klein war, war dennoch Platz genug in ihr, dass Laika aufstehen, sich umdrehen und sich ausstrecken konnte. Nach offiziellen Angaben starb Laika nach einer Woche einen „schmerzlosen“ Tod, doch wird teilweise auch vermutet, dass sie bereits wenige Stunden nach dem Start durch Stress und Überhitzung ums Leben kam.

Der nächste Weltraumeinsatz von Hunden fand erst viel später, nämlich am 19. August 1960 statt. Es war die fünfte von insgesamt zehn Sputnikmissionen, die bis 1961 starteten. Der am 15. Mai desselben Jahres gestartete Sputnik 4 war der erste Prototyp von Wostok, dem ersten bemannten Raumschiff der Welt, für den erstmals die R-7-Trägerrakete mit einer zusätzlichen Raketenstufe versehen worden war. Bevor Sputnik 5, der auch Korabl-Sputnik bzw. Weltraumschiff 2 genannt wurde, mit den Hunden Belka und Strelka starten konnte, mussten jedoch erst zwei Probleme geklärt werden, ohne deren Lösung eine bemannte Raumfahrt nicht möglich wäre: der Wiedereintritt in die Erdatmosphäre und die weiche Landung der Besatzung.

Nach 18 Erdumrundungen und knapp 30 Stunden im All kehrten die beiden Hunde wohlbehalten auf die Erde zurück. Dass sie bei ihrem Ausflug in den Weltraum tatsächlich keinen Schaden ge-

! Wiedereintritt und Landung: Temperaturen

Die gefährlichsten Phasen eines jeden Raumfluges sind Start und Landung, bei denen eine erhöhte Unfallgefahr besteht. Dazu kommt bei Flügen, die über die Erdatmosphäre hinausgehen, das Problem des Wiedereintritts in diese. Da der Wiedereintritt eines Raumschiffs in die Erdatmosphäre mit einer extrem hohen Geschwindigkeit geschieht, ist die Hitze, die dabei durch die Umwandlung von kinetischer (Bewegungs-)Energie in thermische (Wärme-)Energie entsteht, so hoch, dass es ohne die entsprechenden Schutzvorrichtungen verglühen müsste. Die Temperaturen, die beim Eintritt in die Erdatmosphäre an den Außenwänden eines Raumschiffes auftreten, betragen weit mehr als 1000 Grad Celsius. Außerdem müssen die Verkleidungen der Raumschiffwände auch den extremen Temperaturunterschieden im Weltall gewachsen sein, die je nach Sonnenbestrahlung nur knapp über dem absoluten Nullpunkt (–273,15 Grad Celsius) oder bei bis zu 150 Grad Celsius liegen. Die Hitzedämmung bei unbemannten Sonden kann je nach Zielplanet auch noch mit wesentlich höheren Temperaturen in Berührung kommen.

Wiedereintritt und Landung: Materialien

Für wiederverwertbare Hitzekacheln, wie sie beim amerikanischen Spaceshuttle zum Einsatz kommen, wird meist auf gesinterte Quarzglasfaserwerkstoffe zurückgegriffen, die an besonders beanspruchten Stellen durch Kohlenstofffaserwerkstoffe verstärkt werden. Derartige Hitzeschutzkacheln können bis zu 100-mal verwendet werden, solange sie nicht durch mechanische Einwirkungen beschädigt werden. Bei den russischen Sojusraumschiffen werden hingegen sogenannte ablative (lat. ablatus, „weggenommen, entfernt") Hitzeschilde verwendet, eine nicht wiederverwendbare Außenverkleidung, die während des Eintritts in die Atmosphäre zumindest teilweise verbrennt und dabei die darunterliegende Metallschicht durch den Verdampfungsvorgang kühlt. Diese Art des Hitzeschutzes ist wesentlich billiger, doch muss der Schutzschild jedes Mal erneuert werden.

nommen hatten, zeigte sich erst viel später, als Strelka sechs gesunde Junge zur Welt brachte, von denen der sowjetische Staatschef Nikita Chruschtschow eines der Tochter des amerikanischen Präsidenten John F. Kennedy zum Geschenk machte. Die ausgestopften Körper von Strelka und Belka können heute im kosmonautischen Museum in Moskau besichtigt werden.

Juri Gagarin

Während die Amerikaner keinen Hehl daraus machten, dass es nach dem Sputnik-Schock ihr unbedingtes Ziel war, als Erste einen Menschen in den Weltraum zu entsenden, unterlagen die Pläne für das gleiche Ziel im Osten der obersten Geheimhaltungsstufe. Spätestens, als die Amerikaner ihr NASA-Programm „Man in Space Soonest" (MISS) ins Leben gerufen hatten, begann man auch in der UdSSR mit konkreten Planungen. Und auch diesmal war Sergej Koroljow für die technische Durchführung der entscheidende Mann.

Entscheidend für Koroljows Sieg über die amerikanische Raumfahrttechnik und die Möglichkeiten des westlichen Industrielandes war wohl eines seiner grundlegenden Prinzipien, alle seine neuen Konstruktionen mit einem so großen Spielraum zu bemessen, dass es nicht nötig war, für nachfolgende Missionen stets auch die gesamten technischen Voraussetzungen zu ändern. „Je einfacher eine Konstruktion ist, desto genialer ist sie. Kompliziert bauen kann jeder", auch dieses Zitat wird Koroljow zugeschrieben. So war es nicht weiter überraschend, als Koroljow vorschlug, eine als unbemannter Fotoaufklärer unter dem Namen „Zenith“ konzipierte Raumkapsel aus dem Jahr 1956, deren Rückkehrkapsel einen Durchmesser von 2,3 Metern hatte, als Ausgangsbasis für die geplante bemannte Raumkapsel zu verwenden. Bereits Anfang 1958 begann Koroljows Konstruktionsbüro OKB-1 mit der Überarbeitung der Pläne für die Wostok-Kapsel (russ., „Osten“), wie sie jetzt als Kontrast zu den westlichen Entwicklungen genannt wurde, und mit der Entwicklung einer Oberstufe für die Sputnikträgerrakete R-7. Trotz zahlreicher Schwierigkeiten wurde das erste Exemplar bereits im Herbst 1959 fertiggestellt, während gleichzeitig in Baikonur an einer Startrampe gearbeitet wurde.

Die einsitzige Wostok-Kapsel bestand aus zwei Teilen: der kugelförmigen Pilotenkabine mit dem Steuerungs- und Kontrollsystem sowie Mess- und Regeleinrichtungen und dem Versorgungsteil, das hauptsächlich aus dem Bremstriebwerk und den Treibstofftanks bestand. Die beiden Teile wurden vor dem Wiedereintritt in die Atmosphäre voneinander getrennt, und nur die Raumkapsel kehrte zur Erde zurück. In die Pilotenkabine waren auch drei Fenster mit einem Durchmesser von jeweils 25 Zentimetern eingelassen, damit sich der Pilot orientieren und notfalls selbst die Steuerung übernehmen konnte.

Beinahe ebenso wichtig wie die technischen Voraussetzungen war den Verantwortlichen die Auswahl der Raumschiffpiloten.

Landekapsel, in der Gagarin zur Erde zurückkehrte

Mehr als 3000 Piloten wurden im Laufe des Jahres 1959 von der „Kommission für das Thema Nr. 6", wie das Unternehmen aus Gründen der Geheimhaltung genannt wurde, auf ihre Eignung überprüft. Eine einwandfreie Biografie war dabei genauso wichtig wie gesundheitliche Aspekte, da auch bei dem geplanten Weltraumflug propagandistische Ziele eine große Rolle spielten. 400 Kandidaten blieben zunächst übrig, die sich einer eingehenderen Untersuchung unterziehen mussten. Anfang 1960 wurden aus ihnen 20 potenzielle zukünftige Kosmonauten ausgewählt und zur Ausbildung nach Swjosdny Gorodok 40 Kilometer nordöstlich von Moskau gebracht, dem „Sternenstädtchen", in dem eigens ein Kosmonautenausbildungszentrum angelegt wurde. Zwölf von ihnen kamen bei verschiedenen Weltraummissionen zum Einsatz. Bis zuletzt hatte bezüglich des eigentlichen Zwecks der Untersuchungen absolute Geheimhaltung geherrscht, nur die letzten 20 Kandidaten wurden in die Pläne der Regierung eingeweiht. Im theoretischen Teil des Unterrichts, der großteils von Wissenschaftlern aus dem OKB-1 gehalten wurde, wurden die zukünftigen Kosmonauten vor allem mit relevanten Themen aus der Physik, der Himmelsmechanik, der Raketentechnik und der Medizin vertraut gemacht. Daneben übten sie Fallschirmspringen, machten Parabelflüge zur Simulierung der Schwerelosigkeit und verbrachten immer wieder Zeit in Isolierkammern. Während des gesamten Trainings standen sie unter konstanter Beobachtung und ihre physische und psychische Verfassung wurden genauestens dokumentiert.

Gleichzeitig machten die Arbeiten an der Wostok-1-Rakete und der Raumkapsel so rasche Fortschritte, dass bereits der Dezember 1960 als Zeitpunkt für den ersten bemannten Raumflug ins Auge gefasst wurde. Am 31. Mai 1960 wurden deshalb sechs der 20 Piloten ausgewählt, die von nun an zusätzlich ein Trainingsprogramm an einem Wostok-1-Simulator erhielten und am 18. Juni von Ser-

Juri Gagarin

gej Koroljow persönlich im Herstellungswerk Kuibyschew das Raumschiff gezeigt bekamen.

Schließlich wurden Juri Alexejewitsch Gagarin (1934–68) und German Stepanowitsch Titow als Pilot bzw. als dessen Ersatzmann für den ersten Weltraumflug bestimmt. Warum letztendlich Gagarin ausgewählt wurde, ist nicht bekannt. Ausschlaggebend mag gewesen sein, dass der damals 27-Jährige auch charakterlich ein absoluter Sympathieträger und zugleich ein Vorzeigebürger der Sowjetunion war, der sowohl seine zivile Ausbildung in Schule und Beruf (als Gießer) als auch seine militärische Ausbildung als Flieger mit Auszeichnung abgeschlossen hatte und zudem aus einfachsten Arbeiterkreisen stammte. Ein weiterer Grund wird sein ruhiges Temperament gewesen sein, das es ihm ermöglichte, auch in gefährlichen Situationen stets die Ruhe zu bewahren.

? Schon gewusst?

Der erste bemannte Raketenstart hatte bereits mehr als ein Jahrzehnt früher stattgefunden. Am 1. März 1945 startete in Stetten am kalten Markt in der Schwäbischen Alb der deutsche Luftwaffenpilot Lothar Sieber (1922–45), der seit 1944 für die Firma Bachem als Testpilot arbeitete, zum ersten bemannten Raketenflug der Geschichte. Die Bachem Ba 349 Natter, mit der der Flug durchgeführt werden sollte, war ein flüssigkeitsbetriebenes Raketenflugzeug, das von vier feststoffbetriebenen Starthilferaketen unterstützt wurde. Der Entwurf der „Natter" des bislang unbekannten Erich Bachem (1906–60) war dafür 1944 bei einer Ausschreibung des Reichsluftfahrtministeriums ausgewählt worden. Zu den Auswahlkriterien gehörten die Fertigung aus Sperrholz, einem der wenigen noch ausreichend vorhandenen Rohstoffe, und die Tatsache, dass der Senkrechtstarter nicht auf die sonst von Flugzeugen benötigte Infrastruktur angewiesen war. Nach einer ausführlichen und erfolgreichen Testphase sollte Lothar Sieber den ersten und letztendlich einzigen bemannten Testflug durchführen. Doch dieser Versuch endete tödlich. Die Ursache für den Absturz war eine verklemmte Starthilferakete, die Sieber durch gewagte Flugmanöver laut Funkbefehl abschütteln sollte. Die Maschine geriet ins Schleudern und Sieber sollte sie mithilfe des Bremsfallschirms stabilisieren. Doch auch der Fallschirm ließ sich aufgrund der verklemmten Starthilferakete nicht öffnen und Sieber, dem der rettende Ausstieg untersagt worden war, kam ums Leben. Posthum wurde Lothar Sieber mit dem Rang eines Oberleutnants ausgezeichnet.

Am 12. April 1961 um 9 Uhr 7 Moskauer Ortszeit hob die Wostok 1 zu ihrem historischen Flug ab. Innerhalb weniger Minuten hatte sie die gewünschte Umlaufbahn erreicht und flog mit einer Geschwindigkeit von 28.000 km/h um die Erde. Die ganze Mission dauerte nur 108 Minuten. In dieser Zeit umkreiste Gagarin die Erde einmal. Die elliptische Flugbahn verlief in einer Höhe von 181 bis 237 Kilometern, und die Wostok 1 überflog in östlicher Richtung zunächst den Pazifik und dann Südamerika.

Der gesamte Flug verlief ohne Komplikationen: Gagarin stand in ständigem Funkkontakt zur Bodenstation. Auch die Schwerelosigkeit empfand er nicht als unangenehm. Während des ganzen Fluges machte er Notizen, außerdem nahm er vereinbarungsgemäß eine kleine Mahlzeit ein. Über Afrika wurde die Bremsrakete gezündet, worauf die Wostok 1 langsamer wurde und die Erdumlaufbahn verließ. Auch der Landevorgang wurde automatisch gesteuert, doch im Notfall hätte Gagarin auch selbst die Steuerung übernehmen können. Kurz vor der Landung gab es allerdings Probleme. Die Gerätesektion ließ sich nicht von der Raumkapsel trennen, doch es gelang Gagarin, sich in einer Höhe von 7000 Metern mit dem Schleudersitz aus der Kapsel zu katapultieren und den

Gagarin kurz vor dem Start

Fallschirm zu öffnen. In der Nähe von Engels im Wolgagebiet landete er sicher auf den Feldern, und auch seine Raumkapsel konnte geborgen werden.
Gagarins Flug war weder öffentlich angekündigt noch übertragen worden. Selbst in der UdSSR wussten nur die unmittelbar Beteiligten etwas davon. Die Nachricht von dem gelungenen Weltraumflug löste nicht nur in der Sowjetunion unbeschreiblichen Jubel aus. Gagarin wurden der Titel „Held der Sowjetunion" und der Leninorden verliehen und ihm zu Ehren wurde in Moskau am Leninprospekt ein 40 Meter hohes futuristisches Denkmal errichtet. Gagarin reiste um die ganze Welt und wurde überall begeistert empfangen. Staatsoberhäupter aller Länder verliehen ihm Orden und Auszeichnungen, und die Bevölkerung im Osten und im Westen jubelte ihm gleichermaßen zu.
Bis 1963 war Gagarin Kommandeur der sowjetischen Kosmonautentruppe und studierte dann an der Militärakademie für Ingenieure der Luftstreitkräfte Prof. N. J. Schukowski in Moskau. Ab 1964 war er außerdem stellvertretender Kommandeur des Kosmonautenausbildungszentrums der UdSSR. 1967 war er bei dem Flug der Sojus 1 als Ersatzmann für Wladimir Michailowitsch Komarow vorgesehen, der auf dieser Mission tödlich verunglückte, doch unternahm er nie mehr einen Flug ins Weltall. Am 27. März 1968 starb Juri Gagarin gemeinsam mit seinem Ausbilder Wladimir Serjugin, dem erfahrensten Piloten der sowjetischen Luftwaffe, bei einem Flugzeugabsturz, als er seine wegen des Kosmonautenprogramms unterbrochene Ausbildung zum Kampfpiloten abschließen wollte. Er hinterließ seine Frau und zwei Töchter und wurde auf dem Ehrenfriedhof an der Kremlmauer beigesetzt.

Wostok 2 bis Wostok 6

Bereits am 6. August 1961 startete die zweite Wostokmission. An Bord befand sich German Stepanowitsch Titow (1935–2000), der bei Wostok 1 Gagarins Ersatzmann gewesen war. Sein Flug dauerte mehr als 25 Stunden, während deren er 17-mal die Erde umkreiste. Auch der Flug bei Wostok 2 verlief ohne besondere Vorkommnisse. Titow durfte sogar zeitweise selbst die Steuerung des Raumschiffs übernehmen. Allerdings zeigte er Anzeichen der bisher unbekannten Raumkrankheit, ihm war schwindlig und er musste sich übergeben. Erst beim Wiedereintritt in die Atmosphäre gab es erneut Probleme, als sich das Orbitalmodul nicht vollständig von der Kapsel lösen wollte. Erst nachdem die letzten Verbindungen verglüht waren, kam seine Raumkapsel wieder in eine stabile Lage und Titow konnte sie planmäßig mit dem Schleudersitz verlassen. Zum Zeitpunkt des Fluges war Titow 25 Jahre und 11 Monate alt und ist damit bis heute der jüngste Raumfahrer aller Zeiten.

Titow (rechts) mit Kennedy

Wostok 3 und 4 waren schließlich der erste Doppelflug in der Geschichte der Raumfahrt. Am 11. August 1962 startete Andrijan Grigorjewitsch Nikolajew (1929–2004) mit der Wostok 3, einen Tag später folgte ihm Pawel Romanowitsch Popowitsch (*1930). Es war eine technische Meisterleistung, zwei Raketenstarts innerhalb einer so kurzen Zeitspanne durchzuführen und beide Missionen gleichzeitig zu überwachen. Die beiden Raumschiffe näherten sich zeitweise bis auf eine Entfernung von 5 Kilometern einander an und hatten Sichtkontakt zueinander. Über einen längeren Zeitraum konnten sie auch eine Funkverbindung zueinander aufrechterhalten. Da die beiden Kosmonauten ihre Raumschiffe aber nicht selbst steuerten, sondern die Flugbahnen auf Berechnungen der Bodenstation beruhten, drifteten sie nach einer Weile wieder auseinander. Außerdem wurden von Nikolajew erstmals Farbfilmaufnahmen von der Erde und vom Weltall sowie aus dem Inneren der Raumkapsel an die Erde übertragen. Ursprünglich hätte Popowitsch noch einen Tag länger im All bleiben sollen, doch es gab Schwierigkeiten mit den Sauerstoffvorräten. Deshalb landeten beide Kosmonauten am 15. August innerhalb von nur sechs Minuten knapp 200 Kilometer voneinander entfernt.

Am 16. Juni 1963 war es erneut die Sowjetunion, die mit einem neuen Rekord aufwarten konnte. Mit Walentina Wladimirowna Tereschkowa (*1937) flog erstmals eine Frau ins Weltall. Die erst 26-jährige ehemalige Textilarbeiterin war eine begeisterte Fallschirmspringerin, die allerdings über keinerlei Flugerfahrung verfügte. Sie war für Chruschtschow die ideale Kandidatin für dieses Prestigeprojekt: eine Kosmonautin aus der Arbeiterklasse, die sich ihren Weg aus eigener Kraft erkämpft hatte. Von 1963 bis 1982 war sie außerdem mit dem Kosmonauten Andrijan Nikolajew verheiratet.

? Schon gewusst?

Bis heute waren es insgesamt 50 Frauen aus sieben Ländern, die sich auf einer Mission im Weltall befanden. Nach Walentina Tereschkowa dauerte es allerdings 19 Jahre, bis am 19. August 1982 mit der Testpilotin Swetlana Sawizkaja (*1948) die nächste Frau ins All starten durfte. Die Mission Sojus T7 dauerte sieben Tage und war als Besuch der Raumstation Saljut 7 geplant. Am 17. Juli 1984 nahm Swetlana Sawizkaja an einer weiteren Mission (Sojus T12) teil, auf der sie als erste Frau ihr Raumschiff verließ und frei im Weltraum schwebte. Die erste Amerikanerin im All war die kalifornische Astrophysikerin Sally Kristen Ride (*1951), die am 18. Juni 1983 an Bord der Raumfähre Challenger mit vier männlichen Kollegen zu einem sechstägigen Flug ins All (STS-7) startete und ein Jahr später zu einer weiteren Mission (STS-41G) aufbrach. Mit ihrem damaligen Alter von 32 Jahren und 23 Tagen ist sie bis heute der jüngste amerikanische Raumfahrer. Mit Eileen Collins (*1956) gab es 1999 erstmals eine weibliche Raumschiffkommandantin. Nach ihren ersten beiden Flügen 1995 (STS-63) und 1997 (STS-84) wurde ihr die Leitung der Mission STS-93 übertragen, bei der das Röntgenteleskop Chandra auf seine Erdumlaufbahn gebracht wurde. Außerdem leitete sie 2005 den Flug STS-114, den ersten Spaceshuttle-Flug nach der Columbia-Katastrophe von 2003. Eine deutsche Raumfahrerin hat es noch nicht gegeben, mit Heike Walpot (*1960) und Renate Brümmer (*1955) waren jedoch zwei Frauen in dem fünfköpfigen Auswahlteam, das ab 1987 als Verstärkung für das deutsche Astronautenkorps ausgebildet wurde. Zuletzt brach eine Frau am 31. Mai 2008 in den Weltraum auf: die Amerikanerin Karen Nyberg (*1969), die mit der Spaceshuttle-Mission STS-124 Ausrüstungsteile zur ISS brachte.

Sie startete mit Wostok 6 nur zwei Tage nach ihrem Kollegen Walerij Fjodorowitsch Bykowskij (*1934) ins All. Ihr Einsatz dauerte beinahe drei Tage, und in dieser Zeit umkreiste sie 48-mal die Erde. Da Tereschkowas Einsatz vorwiegend unter propagandistischen Gesichtspunkten geplant und die Auswahl an möglichen Kandidatinnen für einen Raumflug selbst in der hinsichtlich der Gleichberechtigung der Geschlechter sehr fortschrittlichen Sowjetunion nicht allzu groß war, hatte man es bei der Überprüfung der gesundheitlichen Aspekte allerdings bei Weitem nicht so genau genommen wie bei der Auswahl der männlichen Kosmonauten. Tereschkowa litt sehr unter der Raumkrankheit und so konnte sie

Walentina Tereschkowa 1963

die wichtigste Aufgabe der Mission, das Testen des Orientierungssystems, nur sehr eingeschränkt erfüllen. Auch die geplante Annäherung von Wostok 5 und 6 konnte deshalb nur bis auf eine Entfernung von 4,5 Kilometern durchgeführt werden.
Doch obwohl Walentina Tereschkowa die in sie gesetzten Erwartungen kaum erfüllt hatte, hatten die Russen mit ihrem Raumflug dem Wostokprogramm einen krönenden Abschluss verliehen, und sie hatten bewiesen, dass auch der weibliche Organismus in der Lage war, die Bedingungen im Weltraum auszuhalten.

Man in Space Soonest

Der Demütigung, die den Amerikanern durch den Sputnikstart zugefügt worden war, war groß. Auch die Tatsache, dass es ihnen vier Monate später gelungen war, ihren eigenen Satelliten in die Erdumlaufbahn zu schießen, konnte daran nichts ändern. Um diese Schmach vergessen zu machen, fasste man deshalb sofort ein neues Ziel ins Auge: den bemannten Raumflug. Die Air Force rief das Programm „Man in Space Soonest" (MISS) ins Leben, für das bereits am 25. Juni 1958 aus über 500 Bewerbern neun Testpiloten ausgewählt wurden. Vor allem aber beschloss man, sich diesmal nicht wieder durch Parallelentwicklungen und Konkurrenzkämpfe selbst im Weg zu stehen. Der Kongress der Vereinigten Staaten sah in der unerwarteten technologischen Überlegenheit der UdSSR obendrein eine Gefahr für die nationale Sicherheit und verlangte nach raschen Gegenmaßnahmen. Deshalb wurde die Gründung einer neuen Behörde beschlossen, die für sämtliche nicht militärische Weltraumaktivitäten zuständig sein sollte. Die „National Aeronautics and Space Administration" (NASA) übernahm ab dem 1. Oktober 1958 alle aktiven Raumfahrtprogramme. Bereits im ersten Jahr verfügte die NASA über 8000 Mitarbeiter und ein Budget von 100 Milliarden Dollar.
Als vordringlichstes Programm übernahm die NASA MISS, doch integrierte sie es in ihr Mercuryprogramm, das bereits sieben Tage nach der Gründung der NASA ins Leben gerufen wurde. Das Mercury-

programm bestand aus mehreren Teilen, an denen parallel gearbeitet wurde und für die nach Möglichkeit bereits vorhandene Technologien weiterverwendet werden sollten: das Raumschiff selbst, die Rakete, der Hitzeschild und der Fallschirm.

Man entschied sich dafür, für die glockenförmige Mercurykapsel, die auch von dem Piloten selbst gesteuert werden konnte, modifizierte Atlas- und Redstoneraketen als Trägerraketen zu verwenden. Die Redstonerakete war ursprünglich unter der Leitung von Wernher von Braun als Boden-Boden-Rakete entwickelt worden und war bereits bei den Explorermissionen im Einsatz gewesen. Die Redstone-Mercury verfügte nur über eine einzige Antriebsstufe.

Kapsel und Rakete wurden zunächst getrennt getestet, wobei die Mercurykapseln mit der wesentlich schwächeren Versuchsrakete „Little Joe“ und später mit „Big Joe“ in den Weltraum transportiert wurden. Bald wurden auch Tests mit Tieren durchge-

! Die NASA

Siegel der NACA, Vorgängerorganisation der NASA

Um nicht noch einmal von der UdSSR überflügelt zu werden, wurde von der amerikanischen Regierung 1958 die NASA (National Aeronautics and Space Administration) gegründet. Sie ist der direkte Nachfolger des 1915 gegründeten NACA (National Advisory Commitee for Aeronautics), das sich mit der Grundlagenforschung der Luftfahrt beschäftigte und seine größte Bedeutung während des Zweiten Weltkriegs hatte. Neu war vor allem die Tatsache, dass die NASA im Gegensatz zu ihrem Vorgänger NACA direkt der Regierung unterstellt sein sollte und das Verteidigungsministerium die neue Behörde als Konkurrenzunternehmen bei der Vergabe von Staatsaufträgen betrachtete. Am 29. Juli 1958 unterschrieb Eisenhower den „Space Act“, der am 1. Oktober bei einer feierlichen Eröffnungszeremonie in Kraft trat. Die NASA bekam ihren Sitz in Washington und sämtliche staatlichen Forschungseinrichtungen wurden ihr unterstellt, darunter das Langley Research Center, das Marshall Space Flight Center sowie Cape Canaveral.

„Little Joe“-Startsystem

führt. Der erste Passagier der Mercurykapsel war Gentle Bess, ein Schwein, das bei einem Test zur Aufschlagsteifigkeit der Kapsel bei der Wasserung eingesetzt wurde. Obwohl das Schwein die Landung gut überstand, verzichtete man auf weitere Versuche mit Schweinen, da sich diese nicht über eine längere Zeit in sitzender Position halten können. Stattdessen entschied sich die NASA für Versuche mit Affen.

Anfang 1959 führte die NASA eine neue Auswahl von Raumfahrern durch, für die 110 Kandidaten getestet wurden. Die im Rahmen von MISS ausgewählten Piloten, unter ihnen auch Neil Armstrong, kamen erst später während des Apolloprogramms und als Testpiloten der X-15, eines raketengetriebenen Hochgeschwindigkeitsforschungsflugzeugs, zum Einsatz. Zu der legendären „Mercury Seven“ gehörten Scott Carpenter, Gordon Cooper, John Glenn, Virgil Grissom, Walter Schirra, Donald Slayton und Alan Shepard. Der immer wieder beschworene Teamgeist der „Glorreichen Sieben“ manifestierte sich auch in der „7“, auf die der Name jeder Mercurykapsel endete. Parallel zu den technischen Tests wurden auch sie ausführlich auf ihre Weltraummission vorbereitet. Beispielsweise wurde eine Zentrifuge zum Testen der Belastungen durch die Schwerkraft während des Starts und der Landung installiert sowie ein großer Wassertank, um in ihm die Schwerelosigkeit zu simulieren.

Mercurykapsel mit Rettungssystem

Die „Mercury Seven"-Astronauten

Ende Juli 1960 konnten erstmals Kapsel und Rakete gemeinsam getestet werden. Die ersten beiden Tests misslangen. Erst der dritte Flug im Dezember desselben Jahres lief ohne Probleme ab, sodass für den 31. Januar 1961 der erste bemannte Flug einer Mercury ins All geplant wurde. Den ersten Weltraumflug absolvierte jedoch keiner der „Mercury Seven", sondern der Schimpanse Ham (1956–83). Ham stammte nicht einmal aus Amerika, sondern war im zentralafrikanischen Regenwald in Kamerun geboren worden. Trotz einiger kleinerer Probleme erreichte Ham nach einem ballistischen Flug auf 253 Kilometer Höhe und über eine Strecke von 212 Kilometern wieder gesund die Erde. Auch die Gruppe von 30 Schimpansen, die für den Flug mit der Mercury ausgewählt worden waren, war einem ausführlichen Trainingsprogramm unterzogen worden, um den körperlichen und psychischen Belastungen des Raumfluges standhalten zu können. Immerhin musste Ham während des Aufstiegs Belastungen aushalten, die dem 17-Fachen seines Körpergewichts entsprachen. Da die Amerikaner jedes Tier nur einmal für Versuche im Weltraum verwendeten, durfte er danach als viel bewunderter Weltraumtourist den Rest seines Lebens im Zoo verbringen.

Da es das Ziel der amerikanischen Weltraumbehörde gewesen war, den angeschlagenen Nationalstolz

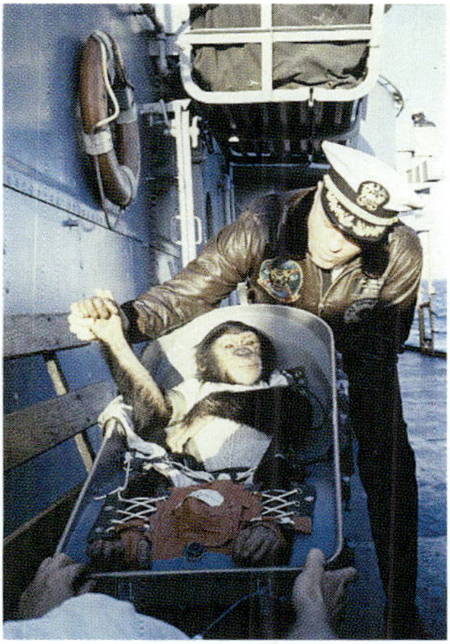

„Welcome home!“ – Ham nach seiner Rückkehr auf die Erde

durch das Mercuryprojekt wieder aufzurichten und gleichzeitig die Bevölkerung für die Raumfahrt zu begeistern, fand das gesamte Programm in aller Öffentlichkeit statt, sodass auch die Sowjetunion stets über den Fortschritt der amerikanischen Entwicklungen auf dem Laufenden war. So war es letztendlich kein Wunder, dass es ihr gelang, auch bei der Entsendung des ersten Menschen in den Weltraum mit dem Flug Gagarins am 12. April 1961 den Amerikanern zuvorzukommen. Der Schock, den die Nachricht vom Flug Gagarins bei den US-Amerikanern auslöste, war dennoch unbeschreiblich. Zu sicher war man sich gewesen, der UdSSR diesmal weit voraus zu sein. Und schon wieder waren sie, die sich doch der Sowjetunion in allen Belangen überlegen glaubten, von ihr vor den Augen der ganzen Welt geschlagen worden.

Der erste amerikanische Weltraumflug erfolgte erst gut drei Wochen später, am 5. Mai 1961. Um 9 Uhr 34 Ortszeit startete Alan Shepard (1923–98) zur Mission Mercury-Redstone 3, die jedoch nur 15 Minuten dauern sollte. Im Gegensatz zu Gagarins Flug war für Shepard keine Erdumkreisung vorgesehen, sondern ein ballistischer Flug mit einer maximalen Flughöhe von 186 Kilometern. Seine Raumkapsel, der er den Namen „Freedom 7“ gegeben hatte, wasserte knapp 500 Kilometer von Cape Canaveral entfernt im Atlantischen Ozean, wo sie wieder geborgen wurde. Obwohl Shepards Flug natürlich im Schatten von Gagarins Erdumkreisung stand, war er ein voller Erfolg und hatte eine große Wirkung auf die öffentliche Meinung in Amerika. Zweieinhalb Monate später absolvierte Virgil I. Grissom (1926–67) einen beinahe identischen Flug, bei dessen Wasserung es allerdings einen kritischen Moment gab, als in die „Liberty Bell 7“ Wasser eindrang und Grissom mit einem Hubschrauber gerettet werden musste.

Der erste Amerikaner, der die Erde auf einer Umlaufbahn umflog, war John Glenn (*1921) im Rahmen der sechsten Mercurymission.

Am 20. Februar 1962 umkreiste er den Erdball mit seiner „Friendship 7“ dreimal innerhalb von fünf Stunden.
1962 wurden noch zwei weitere Flüge des Mercuryprogramms erfolgreich durchgeführt, bevor es mit dem Flug Gordon Coopers (1927–2004) mit der „Faith 7“, der mit 34 Stunden längsten Mercurymission, am 15. Mai 1963 beendet wurde. Der letzte geplante Flug, Mercury 10, wurde nicht mehr durchgeführt, da die vorangegangenen Mercuryflüge ohne Probleme gelungen waren. Da das Mercuryraumschiff im All nicht manövrierfähig war, war es für das neu anvisierte Ziel, die Mondlandung, unbrauchbar, und man war froh, die eingesparten Ressourcen stattdessen für das Geminiprogramm verwenden zu können.

Die Eroberung des Mondes

Die Blamage, die Juri Gagarins Flug ins Weltall den Amerikanern zugefügt hatte, war mehr, als das amerikanische Volk hinnehmen konnte. Spätestens jetzt war klar, dass irgendetwas gefunden werden musste, womit man den Russen Paroli bieten konnte, oder besser noch ein Ziel, das so bedeutend war, dass es alle bisher errungenen Erfolge der Sowjetunion weit hinter sich lassen würde. Und noch etwas musste gewährleistet sein: Die Sowjetunion durfte auf keinen Fall den USA beim Erreichen dieses Zieles zuvorkommen.

Ein ambitioniertes Ziel

Zwei große Projekte kamen zunächst in die engere Wahl: die Errichtung einer bemannten Raumstation im Orbit und, was ein noch kühnerer Gedanke war, eine bemannte Mondlandung. Die Wahl fiel schließlich auf die Mondlandung, da man befürchtete, dass die Sowjetunion auch beim Bau einer Raumstation schneller sein könnte. Zum Zeitpunkt, als sich die amerikanische Regierung für den Flug zum Mond entschied, hatten die Amerikaner allerdings gerade einmal 15 Minuten bemannten Weltraumflug absolviert, die Mission Redstone-Mercury 3 am 5. Mai 1961, bei der Alan Shepard mit seinem Raumschiff Freedom 7 jedoch nicht einmal die Erdumlaufbahn erreicht hatte.
Bereits am 25. Mai 1961 wandte sich John F. Kennedy (1917–63), der damalige Präsident der Vereinigten Staaten, in seiner legendären Ansprache, die heute jedes Schulkind in den USA auswendig kennt, mit folgenden Worten an den Kongress und das amerikanische Volk, um sie auf diese Aufgabe einzuschwören: „Ich glaube, dass unsere Nation in diesem Jahrzehnt das Ziel erreichen sollte, einen Menschen auf den Mond zu

schicken und ihn sicher wieder zur Erde zurückzubringen. Kein Raumfahrtprojekt wird die Menschheit stärker beeindrucken oder für die weitere Erforschung des Weltalls größere Bedeutung haben.“ Diese Worte Kennedys waren genau das, was das amerikanische Volk zu dem Zeitpunkt brauchte, und es gab kaum einen

John F. Kennedy

Menschen im Land, der es nicht für richtig hielt, alles in den Dienst dieser Idee zu stellen. Ein

? Schon gewusst?

Im Weltraum waren bis heute 489 bzw. 492 Menschen. Die unterschiedliche Anzahl resultiert aus der Tatsache, dass es keine klare Grenze zwischen Erdatmosphäre und Weltraum gibt und deshalb verschiedene Definitionen für den Begriff „Weltraum“ existieren. Nach der Definition der 1905 in Paris gegründeten Fédération Aéronautique Internationale FAI des internationalen, nicht staatlichen Luftsportverbandes beginnt der Weltraum in einer Höhe von 100 Kilometern, während die NASA die Grenze in etwa 80 Kilometer Höhe (50 Meilen) zieht.

Raumfahrer aus insgesamt 38 Ländern sind bis heute in den Weltraum geflogen, darunter auch neun Deutsche. Der erste Deutsche im All war ein Bürger der DDR: Sigmund Jähn (*1937) war im Rahmen des Interkosmosprogramms als Forschungskosmonaut gemeinsam mit dem Sowjetrussen Waleri Fjodorowitsch Bykowski Teilnehmer der Sojus-31-Expedition, die vom 26. August bis zum 3. September 1978 die Forschungsstation Saljut 6 EP-4 besuchte und mit ihr 125-mal die Erde umkreiste. Der erste bundesdeutsche Raumfahrer war der Physiker Ulf Merbold (*1941). Er startete am 28. November 1983 als Nutzlastspezialist zu der zehntägigen Spaceshuttle-Mission STS-9, auf der erstmals das wiederverwendbare Raumlabor Spacelab zum Einsatz kam. Merbold war der erste Raumfahrer der ESA und gleichzeitig der erste Nicht-US-Bürger auf einer amerikanischen Raumfähre. 1992 und 1994 nahm er an zwei weiteren Weltraummissionen teil (STS-42 und Sojus TM-20/Sojus TM-19) und verbrachte dabei auch einen Monat auf der russischen Raumstation Mir. Die übrigen deutschen Raumfahrer waren Reinhard Furrer (1985), Ernst Messerschmid (1985), Klaus-Dietrich Flade (1992), Hans Schlegel (1993 und 2008), Ulrich Walter (1993), Thomas Reiter (1995 und 2006), Reinhold Ewald (1997) und Gerhard Thiele (2000).

gewaltiges Industrieprogramm kam ins Rollen, das gleichzeitig Tausenden Menschen neue Arbeitsplätze bescherte. Zeitweise betrug die Anzahl der Beschäftigten im Raumfahrtprogramm mehr als 400.000 Arbeiter und 24.000 Auftragnehmer und Subunternehmer. Aber auch in den Medien, in der Presse und im Fernsehen, war das Thema „Raumfahrt" allgegenwärtig.

Drei unbemannte Programme gingen dem Apolloprogramm, mit dem 1969 tatsächlich die Mondlandung gelingen sollte, als direkte Vorbereitung voraus: Ranger, Lunar Orbiter und Surveyor. Zwischen 1958 und 1960 hatten die Amerikaner zwar schon mit dem Pioneerprogramm versucht, den Mond zu erreichen, doch für die damaligen technischen Möglichkeiten und bei der geringen Planungszeit, die man für Pioneer zur Verfügung hatte, konnte sein völliger Misserfolg nicht wirklich überraschen. Jetzt aber, da eine bemannte Mondlandung zum offiziellen Ziel erklärt worden war, konnte und musste man ein strukturiertes Vorbereitungsprogramm in Angriff nehmen. Jede der drei unbemannten Mondsonden sollte dabei ihr eigenes Aufgabengebiet erhalten.

Das Rangerprogramm

Im Rangerprogramm sollte mithilfe von Aufschlagsonden der Mond aus der Nähe erkundet werden. Eine genaue Oberflächenerforschung sollte hierauf durch den Lunar Orbiter erfolgen, und Surveyor sollte die Möglichkeiten einer weichen Landung auf dem Mond erforschen.

Doch zunächst schien es so, als würde den Amerikanern das Glück auch diesmal nicht hold sein. Die Rangersonden waren zwischen 306 und 365 Kilogramm schwer und wurden in drei verschiedenen Versionen gefertigt. Block 1 (Ranger 1 und 2) sollte zwar auf einer Erdumlaufbahn verbleiben, die aber in ihrem Apogäum, dem erdfernsten Punkt, bis in die Nähe des Mondes reichen würde. Block 2 (Ranger 3 bis 5) sollte auf dem Mond aufschlagen und kurz vor der Landung Bilder an die Erde senden sowie außerdem eine Kapsel mit Messinstrumenten, darunter ein Seismometer, mitführen. Block 3 (Ranger 6 bis 9) wurde mit sechs hochauflösenden Kameras ausgestattet, die während der letzten 20 Minuten des Fluges Tausende von Bildern an die Erde senden sollten. Die Übertragung so vieler Daten innerhalb so kurzer Zeit stellte für die damalige Zeit eine enorme technische Herausforderung dar.

Doch gleich die erste Rangersonde, die am 23. August 1961 gestartet wurde, konnte die vorgesehene Umlaufbahn nicht erreichen, da die obere Stufe der Atlas-

Agena-Rakete nicht zündete, und verglühte nur wenige Tage später. Das Gleiche passierte bei Ranger 2 drei Monate später. Ranger 3 verfehlte den Mond um 36.000 Kilometer und Ranger 4 stürzte auf der Rückseite des Mondes ab, nachdem der Funkkontakt abgerissen war und deshalb keine Bilder an die Erde gesendet werden konnten. Auch Ranger 5 verfehlte den Mond, wenn auch nur um knapp 720 Kilometer. Ranger 6 – man schrieb bereits den 30. Januar 1964 – traf schließlich das Zielgebiet, doch diesmal versagte das Kamerasystem.

Die Rangermissionen 7, 8 und 9 zwischen Juli 1964 und März 1965 waren dann endlich erfolgreich und sendeten Tausende von Bildern vor ihrem Absturz auf den Mond an die Erde. Der Absturz von Ranger 9 mitten im Krater Alphonsus wurde sogar live im amerikanischen Fernsehen übertragen. Die sechs Kameras sendeten während der letzten 18 Minuten der dreitägigen Reise mehr als 5800 Videobilder von der Mondoberfläche an die Erde. Die letzten Bilder zeigten auch kleine Details aus einer Höhe von nur noch wenigen Hundert Metern.

Obwohl es in Amerika neben dem Pioneerprogramm und dem militärischen Discovererprojekt kein Weltraumprogramm gegeben hat, in dem es mehr Fehlschläge gab, konnte das Rangerprogramm

Ranger 9

doch noch als Erfolg verbucht werden. Grund für die vielen Misserfolge war wohl auch diesmal die Tatsache, dass das äußerst komplexe Programm zu überhastet in Angriff genommen worden war, da man aufgrund der sowjetischen Erfolge irrtümlich davon ausging, dass der technische Vorsprung der Russen sehr groß war. Erst wesentlich später wurde bekannt, mit welch einfachen Mitteln die sowjetischen Luna- und Lunikraumsonden gebaut waren und wie schlecht letztendlich ihre technische Ausstattung war.

Das Lunar-Orbiter-Programm wurde 1964 als Fortsetzung des Rangerprogrammes initiiert und mit fünf erfolgreichen Missionen innerhalb eines Jahres (10. August 1966–1. August 1967) durchgeführt. Die 390 Kilogramm schweren Mondsonden, die wieder von

Atlas-Agena-Raketen ins Weltall gebracht wurden, waren mit Antennen mit einer Spannweite von 5,60 Metern und einem Solarzellenausleger von knapp 4 Metern ausgestattet. Das Wesentliche an ihrer Ausrüstung war die Kameraanlage, anhand deren Bilder ein geeigneter Landeplatz für die Mondlandung gefunden werden sollte. Es handelte sich jeweils um zwei Kameras, die mit einem Weitwinkelobjektiv bzw. einem Teleobjektiv ausgestattet waren. Um Unschärfen zu verhindern, wurde der Film während der Aufnahmen den Flugbewegungen der Sonde entsprechend weiterbewegt. Mit drei durch Stickstoffdüsen bzw. einen Canopussensor steuerbaren Achsen wurde dafür gesorgt, dass die Kamera stets senkrecht auf die Mondoberfläche gerichtet war.

Atlas-Agena-Rakete

Ungewöhnlich war dabei das Entwicklungs- und Übertragungsverfahren. Das Filmmaterial war jeweils ein 79 Meter langer 70-Millimeter-Film, der in Querstreifen (framelets) mit einer Breite von 2,68 Millimetern belichtet wurde. Die Bilder wurden zwar über einen Fernsehsender zur Erde übermittelt, doch zuerst wurden sie automatisch durch den Kontakt mit einem sogenanntem Kodak-Bimat-Film entwickelt, getrocknet und fixiert. Dann erst wurde der Negativstreifen gescannt und an die Bodenstation übertragen. Auf der Erde wurden die Filmstreifen auf Datenbändern gespeichert und dann mittels einer Kathodenstrahlröhre auf 35-Millimeterfilme belichtet. So konnten Bildqualität und Bildauflösung gegenüber Aufnahmen, die mit den damals üblichen elektronischen Bildröhren gemacht wurden, bedeutend gesteigert werden. Nach jedem Belichtungs- und Entwicklungsvorgang wurde der Film um 2,54 Millimeter weitertransportiert, wodurch die Überschneidungsstreifen entstanden, die bei allen Lunar-Orbiter-Aufnahmen zu sehen sind.

Während die ersten drei Missionen vor allem die Gebiete um

den Mondäquator dokumentierten und dabei auch 20 mögliche Landeplätze fotografierten, ermöglichten die polaren Umlaufbahnen von Lunar Orbiter 4 und 5 eine Kartierung der gesamten Mondoberfläche mit einer Genauigkeit von 60 Metern. Die gesamte Vorderseite und 95 Prozent der Rückseite des Mondes wurden so erfasst. Der daraus entstandene Mondatlas ist noch heute eine Grundlage für die Mondforschung.

Das Surveyorprogramm

Das Surveyorprogramm wurde als letztes unbemanntes Vorbereitungsprogramm auf die Mondlandung zwischen dem 30. Mai 1966 und dem 7. Januar 1968 in sieben Missionen durchgeführt. Fünf von ihnen konnten erfolgreich zu Ende geführt werden und die Sonden landeten weich, während Surveyor 2 und 4 auf dem Mond zerschellten. Die Surveyorsonden wurden von der neu entwickelten Atlas-Centaur-Rakete ins All gebracht. Die Sonden selbst wogen bei ihrer Landung ungefähr 300 Kilogramm. Sie waren etwa 3 Meter hoch, und ihre drei Beine hatten einen Abstand von 3,6 Metern.

Hauptziel der Missionen war die Durchführung einer weichen Landung auf dem Mond. Aber auch der Anflug auf den Mond war ungewöhnlich, denn er wurde direkt ausgeführt, ohne ein vorheriges Einschwenken auf eine Umlaufbahn. Der Bremsvorgang begann in einer Höhe von 80 Kilometern über der Mondoberfläche bei einer Geschwindigkeit von 10.000 km/h. In 40 Kilometer Höhe war die Geschwindigkeit bereits auf 400 km/h heruntergedrosselt. Auf dem Rest des Weges übernahmen drei Flüssigtreibstofftriebwerke mit einer Schubkraft von nur 47 Kilogramm die Durchführung eines kontrollierten Abstiegs, der von einem Radargerät an Bord der Sonde überwacht wurde. 4 Meter über dem Boden sollte die Fahrt ganz gestoppt sein, die Triebwerke sollten abgestellt und die letzten Meter im freien Fall zurückgelegt werden. Mit der Landung war der Auftrag der Surveyor aber noch nicht beendet. Die Sonden führten jeweils etwa 40 Kilogramm an Instrumenten mit sich, darunter Kameras, die Zehntausende von Bildern an die Erde übertrugen.

Das Geminiprogramm

Für die Vorbereitung auf die Mondlandung war aber auch ein bemanntes Trainingsprogramm notwendig, in dem Kopplungs- und Rendezvoustechniken und der Ausstieg aus dem Raumschiff in den freien Raum geübt wurde. Im Gegensatz zum Mercuryprogramm, dessen Ziel es gewesen war, schnellstmöglich den ersten Menschen ins All zu bringen, und das zumindest in dieser Hinsicht als gescheitert betrachtet werden musste, war das Geminiprogramm genau strukturiert und systematisch darauf ausgelegt, bemannte Weltraumflüge beinahe schon zur Routine werden zu lassen.

Die Geminikapsel war für zwei Astronauten gebaut; daher rührte auch ihr Name (nach dem Sternbild „Zwillinge"). Sie war mit über 3 Tonnen beinahe doppelt so schwer wie die Mercurykapsel und bestand aus zwei Komponenten, dem Aufenthalts- und Wiedereintrittsmodul mit einem Durchmesser von 2,3 Metern an der breitesten Stelle und dem Servicemodul, das erstmals mit Brennstoffzellen für die Stromversorgung des Raumschiffs ausgestattet war. Als Trägerrakete fungierte die zweistufige Titan-II-Rakete, die ursprünglich für militärische Zwecke im Einsatz war.

Insgesamt zwölf Missionen absolvierte Gemini zwischen dem 8. April 1964 und dem 15. November 1966, die allesamt erfolgreich verliefen. Die ersten beiden, bei denen die Startanlagen, die Datenübermittlung zwischen Trägerrakete und Bodenstation und die Wiedereintrittssysteme erprobt werden sollten, fanden noch unbemannt statt. In nur zehn weiteren bemannten Flügen gelang es den amerikanischen Astronauten dann, alle für die Mondlandung relevanten Techniken mehrfach erfolgreich zu testen: die Arbeitsfähigkeit von Astronauten im All bei einem Einsatz von bis zu zwei Wochen, das Zusammenleben zweier Besatzungsmitglieder und das Durchführen anspruchsvoller wissenschaftlicher Aufgaben auf engstem Raum, Flugbahnänderungen und Kopplungsmanöver im Weltraum usw. Nur bei einer Sache war ihnen die UdSSR wieder zuvorgekommen. Am 18. März 1965 hatte Alexej Leonow (*1934) als erster Mensch im Weltraum sein Raumschiff verlassen und nur durch ein dünnes Kabel mit dem Raumschiff verbunden einen zwölfminütigen Raumspaziergang unternommen. Den Amerikanern gelang dies erst zweieinhalb Monate später, als

Edward White beim ersten Weltraumspaziergang der Amerikaner

? Schon gewusst?

Ursprünglich standen fünf verschiedene Pläne für eine bemannte Fahrt zum Mond zur Debatte: ein direkter Aufstieg, die sogenannte Tankerkonzeption und ein Umstieg in die Mondfähre auf der Erdumlaufbahn, auf der Mondoberfläche oder auf einer Mondumlaufbahn. Favorisiert wurden zunächst der direkte Aufstieg und das „Rendezvous" auf der Erdumlaufbahn.

Die Idee vom Umsteigen auf der Mondumlaufbahn dagegen lag auf dem letzten Platz. Dabei war sie nicht einmal neu. Bereits 1917 war sie von Yuri Kondratiuk (1897–1942) entwickelt worden, einem ukrainischen Wissenschaftler, der ursprünglich Alexander Shargey hieß. Mehrere andere Wissenschaftler aus der Anfangszeit der Raumfahrt, unter ihnen auch Hermann Oberth, hatten diesen Gedanken von einem „Beiboot" in ihren Visionen von der Landung auf fremden Planeten aufgegriffen und weiter ausgearbeitet. 1960/61 war es dann der Flugzeugingenieur John Houbolt (*1919), der diese Idee vertrat. Zunächst wurden seine Vorschläge von seinen Vorgesetzten nicht einmal ernst genommen, doch er blieb hartnäckig und wandte sich im November 1961 schließlich direkt an den stellvertretenden Direktor der NASA, Robert Seamans. Houbolt konnte Seamans überzeugen, und tatsächlich entschied man sich bei der abschließenden Debatte im Juli 1962 für das Rendezvous auf der Mondumlaufbahn. Der entscheidende Vorteil dieser Variante war die Tatsache, dass man „nur" eine Saturn-V-Rakete dafür brauchte.

Edward White (1930–67) während der Gemini-4-Mission sein schützendes Raumschiff verließ. Doch diesmal trugen es die Amerikaner mit Fassung, denn sie waren gerade dabei, auf eindrucksvolle Weise zu demonstrieren, dass die Aufholjagd begonnen hatte. Die Apollomission konnte beginnen.

Das Apolloprogramm

Am Anfang des Apolloprogramms stand jedoch eine Katastrophe. Die Entwicklung der Raumkapsel und ihrer Trägerrakete hatte direkt nach der Kennedyrede im Mai 1961 begonnen, doch die ersten Pläne gab es schon eine ganze Weile vorher. Das Raumschiff selbst bestand aus zwei Hauptkomponenten, dem Kommandomodul und dem Servicemodul, und wurde von der Firma North America Aviation in Los Angeles gefertigt. Das Kommandomodul, das vor allem auf Ideen des Mercury- und Geminikonstrukteurs

Maxime Faget (1921–2004) zurückging und für drei Astronauten ausgelegt war, war der Aufenthaltsort der Besatzung. Es war ko-

Maxime Faget

nisch geformt mit einer Höhe von 3,23 Metern und einem Durchmesser am unteren Ende von 3,91 Metern. Mit einem Volumen von beinahe 6 Kubikmetern bot es den Astronauten deutlich mehr Platz als die Raumkapseln von Mercury und Gemini. Die gesamte Kapsel war mit einer Wärme ableitenden Schicht versehen, der eigentliche ablative Hitzeschutzschild aus glasfaserverstärktem Epoxidharz befand sich dagegen nur an ihrer Unterseite. Im oberen Teil des Kommandomoduls befanden sich der Andockmechanismus mit dem Tunnel und der Luke für die Mondfähre und das Erdlandesystem mit den Bremsfallschirmen und drei Ballons, die die Raumkapsel nach der Wasserung stabilisieren sollten. Im Heck waren Verbindungsleitungen zum Servicemodul und Silber-Zink-Batterien für die Stromversorgung nach der Abtrennung vom Servicemodul sowie Sauerstoff- und Frischwassertanks untergebracht. Den Großteil des Kommandomoduls bildete die druckfeste Astronautenkabine mit der Hauptkontrolltafel mit 24 verschiedenen Instrumenten, 566 Schaltern, 40 Zeigern und 71 Lampen. Hier befanden sich auch die Lebenserhaltungssysteme und einige Schränke, in denen Lebensmittel, die Bordapotheke, Kameras und andere Ausrüstungsgegenstände untergebracht waren. Einen großen Teil des Raumes nahmen die Liegesitze der Astronauten ein, die an Stoßdämpfern aufgehängt waren, um so wenigstens einen Teil der Kräfte beim Start und bei der Landung auszugleichen. In der Mitte saß der Pilot des Raumschiffs, links von ihm der Kommandant und rechts der Pilot der Mondfähre. Die Astronautenkabine verfügte über fünf Fenster und war mit Landkarten von Mond und Erde, Sternen- und Orbitkarten ausgestattet, um notfalls auch eine selbstständige Navigation durch die Astronauten zu ermöglichen. In dem 7,5 Meter langen, zylinderförmigen Servicemodul, das kurz vor dem Wiedereintritt in die Erdatmosphäre abgesprengt werden sollte, befanden sich neben dem Haupttriebwerk und den Lageregelungseinheiten vor allem auch die Treibstofftanks, die mit gut 18 Tonnen mehr als zwei Drittel seines Gewichts ausmachten. Auf die Raumkapsel wurde der sogenannte Rettungsturm (Launch Escape System) montiert, der bei einem Notfall während der Startphase das Kommandomodul automatisch von der Rakete gerissen und aus dem Gefahrenbereich gebracht hätte und nach Brennschluss der ersten Stufe in etwa 90 Kilometer Höhe abgesprengt wurde.

Ebenso entscheidend für den Erfolg der Mondmission wie die Raumkapsel war die Entwicklung einer leistungsfähigen Trägerrakete, die gleichzeitig unter der Leitung von Wernher von Braun in

! Die Saturn-V-Rakete

Die Saturn-V-Rakete, die die Raumkapsel für ihren Flug zum Mond in den Weltraum bringen sollte, ist bis heute die gigantischste Rakete, die jemals gebaut wurde. Die drei Raketenstufen mit der Raumkapsel und dem Rettungsturm an der Spitze hatten eine Gesamthöhe von 110,6 Metern und einen Durchmesser von bis zu 10 Metern. Ihr Startgewicht lag bei über 2800 Tonnen, die Nutzlast konnte bis zu 150 Tonnen betragen.

Zum größten Teil bestand die Saturn-V-Rakete aus Treibstofftanks, deren Befüllung erst unmittelbar vor dem Start erfolgte und mehrere Stunden dauerte. Beim Start verbrannten die Triebwerke der ersten Stufe 15 Tonnen Treibstoff pro Sekunde, und innerhalb von nur neun Minuten waren die ersten beiden Stufen komplett ausgebrannt. Innerhalb von 2,5 Minuten erreichte die Rakete eine Geschwindigkeit von etwa 13.400 km/h und eine Höhe von 60 Kilometern. Die Triebwerke der zweiten Stufe beschleunigten die Rakete auf fast 25.000 km/h. In einer Höhe von 180 Kilometern zündete dann das Triebwerk der dritten Stufe, das nach dem Erreichen der Erdumlaufbahn zunächst wieder abgeschaltet wurde. Nach einigen Erdumkreisungen, während deren das Raumschiff die passende Position für den Weiterflug zum Mond ansteuerte, wurde das Triebwerk dann noch einmal gezündet. Innerhalb der fünfminütigen Brenndauer beschleunigte das Raumschiff auf 40.000 km/h und konnte so die Anziehungskraft der Erde überwinden. Die Erschütterungen beim Start einer Saturn-V-Rakete waren so stark, dass sie noch in über 1700 Kilometer Entfernung von seismischen Messstationen aufgezeichnet werden konnten. Der Lärmpegel an der Startrampe betrug 160 Dezibel.

Huntsville konstruiert wurde. Die Saturnrakete war eine Weiterentwicklung der Jupiter- und Redstoneraketen, die von Braun in den vorangegangenen Jahren für die US-Army entwickelt hatte. Sie wurde in den Varianten Saturn I (das Grundmodell, das ursprünglich nur für Testflüge vorgesehen war), Saturn IB (für Testflüge mit der Raumkapsel oder der Mondfähre in der Erdumlaufbahn) und Saturn V (die endgültige Mondrakete) gefertigt. Die Entwicklung der Saturnraketen baute jeweils auf der erprobten Technik des Vorgängermodells auf und ersetzte lediglich einzelne Komponenten durch leistungsfähigere. Hätte von Braun sich mit seinem Plan von einem Direktflug zum Mond durchgesetzt, hätte die Rakete sogar noch um 60 Prozent größer sein müssen.

Die Testreihen des Mercury- und des Geminiprogramms waren überaus erfolgreich und zügig abgeschlossen worden, und auch die Entwicklungen für das Apolloprogramm waren 1966 so weit fortgeschritten, dass die NASA beschloss, nach mehreren unbemannten Tests den ersten bemannten Testflug bereits zu Beginn des folgenden Jahres stattfinden zu lassen. Doch plötzlich – kurz, nachdem das Raumfahrzeug das Herstellerwerk verlassen hatte – begannen sich die Probleme zu häufen. Immer neue Mängel wurden an der Raumkapsel festgestellt und insgesamt 623 Änderungen mussten an ihr vorgenommen werden. Die Besatzung – bestehend aus dem Kommandanten Virgil Grissom, der bereits an Mercury 4 und Gemini 3 teilgenommen hatte, seinem Piloten Edward White, der als erster Amerikaner einen Weltraumspaziergang unternommen hatte, und dem Weltraumneuling Roger Chaffee – war genervt von den ständigen Verzögerungen.

Die Apollo-1-Besatzung: White, Grissom und Chaffee

Am 27. Januar 1967 sollte ein weiterer Probelauf vor dem endgültigen Flug am 21. Februar stattfinden, ein Probecountdown mit einem simulierten Start. Sieben anstelle der vorgesehenen drei Stunden dauerte der Test bereits, die Besatzung mit ihren Raumanzügen befand sich in der mit reinem Sauerstoff gefüllten Kapsel, und die Apollo war, wenn auch mit leeren Tanks, in Flugzustand versetzt. Alle Verbindungen zum Startturm wurden gekappt, denn endlich hatte man die Endphase des Tests erreicht. Doch dann geschah das Unbegreifliche. „Ich rieche Feuer“, meldete Chaffee über Funk aus der Raumkapsel, nur zwei Sekunden später bestätigte White: „Wir haben ein Feuer im Cockpit!“ Das Feuer breitete sich, begünstigt durch die Atmosphäre aus reinem Sauerstoff, rasend schnell aus. Die Lebenserhaltungssysteme erhöhten die Sauerstoffzufuhr, da der Verbrauch durch das Feuer gestiegen war, und 15 Sekunden später war der Überdruck in der Kapsel bereits so groß, dass sich ein Riss bildete, aus dem Qualm und Flammen drangen. Der Druck machte es den drei Astronauten aber auch unmöglich, die Luke, die nach innen zu öffnen war, selbst aufzumachen. Die Techniker, die den Startturm bereits verlassen hatten, versuchten vergeblich, ihnen zu Hilfe zu kommen. Fünf Minuten dauerte es, bis sie die Luke geöffnet hatten, doch Virgil Grissom, Edward White und Roger Chaffee waren tot, bis zur Unkenntlichkeit verbrannt. Bereits nach 30 Sekunden waren sie an den giftigen Gasen erstickt.

Auf Bitten ihrer Witwen erhielt die Mission nachträglich den Namen „Apollo 1“.

Durch den Unfall verzögerte sich das Apolloprogramm um 18 Monate, denn sämtliche Komponenten mussten bis ins kleinste Detail überprüft und notfalls geändert werden. Alle brennbaren Materialien wurden durch nicht brennbare ersetzt, Leitungen und Rohre wurden verstärkt und besser isoliert, und auch die Raumanzüge wurden mit einer Schutzschicht überzogen. Ein Feuerlöscher wurde in der Kapsel installiert, und vor allen Dingen wurde eine neue Luke, die mit einem Handgriff zu öffnen war, eingebaut. Die reine Sauerstoffatmosphäre musste allerdings beibehalten werden, da sonst eine Neukonstruktion der gesamten Kapsel notwendig gewesen wäre. Nur vor und während des Starts wurde sie durch ein Gemisch aus 60 Prozent Sauerstoff und 40 Prozent Stickstoff ersetzt.

Nach drei weiteren unbemannten Testflügen (Apollo 4 bis 6) Ende 1967/Anfang 1968 wurde für den 11. Oktober 1968 erstmals wieder ein bemannter Testflug im Apolloprogramm angesetzt. Die Mission, an der die Astronauten Walter Schirra, Donn Eisele und Walter Cunningham teilnahmen, dauerte elf Tage und diente in erster Linie der Erprobung der verschiedenen Funktionen und der Bodenstationen im Zusammenwirken mit einer Raumschiffbesatzung. Erstmals wurden dabei Fernsehbilder aus dem Orbit an die Erde übertragen. Bei Apollo 8 vom 21. bis 27. Dezember 1968 umkreiste erstmals ein bemanntes Raumschiff den Mond, Apollo 9 diente zur Erprobung der Mondfähre in der Erdumlaufbahn. Apollo 10 im Mai 1969 war schließlich die Generalprobe für die Mondlandung. Während John Young mit der Raumkapsel auf der Mondumlaufbahn blieb, koppelten seine Kollegen Thomas Stafford und Eugene Cernan mit der Mondfähre von ihr ab und näherten sich bis auf 14 Kilometer der Mondoberfläche. Später erzählten sie, wie sehr sie sich zurückhalten mussten, um tatsächlich so kurz vor dem Mond wieder umzukehren.

Dann endlich, nach so vielen weiteren Monaten der Vorbereitungen und des Trainings, war es so weit. Der 16. Juli 1969 wurde als Starttermin für den ersten bemannten Flug zum Mond festgelegt. Die äußeren Bedingungen waren geradezu ideal, der Himmel war klar und wolkenfrei. Eine Million Menschen waren nach Merritt Island gekommen, um möglichst nahe am John F. Kennedy Space Center den Start von Apollo 11 mitzuerleben. 500 Millionen Menschen in aller Welt verfolgten den Verlauf der Mission an ihren Fernsehgeräten.

Die Apollo-10-Crew

Das wissenschaftliche Hauptziel der Apollomissionen war es, Hinweise auf die Entstehung des Mondes zu finden, die eine der bis dahin gängigen drei Theorien (Abspaltungstheorie, Einfangtheorie, Schwesterplanetentheorie) bestätigen sollten. Aufgrund der Forschungsergebnisse entstand jedoch eine neue Theorie, die Kollisionstheorie, in der sich Teile der Abspaltungs- und der Einfangtheorie mit neuen Erkenntnissen vermischten.

Obwohl der Mond der Erde so nahe ist und sich beide um ihre eigene Achse drehen, kann man von der Erde aus nur immer die gleiche Seite des Mondes sehen. Denn die Eigenrotation des Mondes dauert genauso lange wie seine Umkreisung der Erde. Trotz der Entwicklung der größten Teleskope und der modernsten Weltraumtechnik gehörte deshalb die Rückseite des Mondes zu den großen Geheimnissen unseres Plane-

Der Mond

Unser Mond (lat. luna) ist der einzige natürliche Satellit der Erde und mit einem Durchmesser von 3476 Kilometern nach den Jupitermonden Ganymed, Callisto und Io sowie dem Saturnmond Titan der fünftgrößte Mond unseres Planetensystems. Er hat eine Masse von 7,349 mal 10 hoch 22 Kilogramm sowie eine mittlere Dichte von 3,341 Gramm pro Kubikzentimeter und umkreist die Erde innerhalb von 27 Tagen, sieben Stunden und 43,7 Minuten. Seine Umlaufbahn um die Erde ist nahezu kreisförmig, der mittlere Abstand von Mond und Erde beträgt 384.400 Kilometer.

Die Gesteinszusammensetzung der Oberfläche des Mondes ist im Gegensatz zum restlichen Sonnensystem nahezu identisch mit derjenigen der Erde. Sie besteht aus verschiedenen Silikaten, Metallen, Nichtmetallen und Gasen, u. a. aus Sauerstoff (43%), Silizium (21%), Aluminium (10%), Kalzium (9%), Eisen (9%), Magnesium (5%) und Titan (2%). Da der Mond keine Atmosphäre hat, schlagen sämtliche Meteoriten ungebremst auf seiner Oberfläche auf und zertrümmern bei ihrem Aufprall das Oberflächengestein des Mondes, wodurch im Lauf der Jahrmilliarden die mehrere Meter dicke Regolithschicht entstand, die beinahe die gesamte Oberfläche des Mondes bedeckt. Die Mondoberfläche ist durchzogen von Kettengebirgen, Gräben, Rillen, Kratern und flachen Ebenen, sie weist aber trotz der jährlich etwa 500 Mondbeben keinerlei Spuren von Tektonik auf. Durch das Fehlen der Atmosphäre erscheint der Himmel vom Mond aus gesehen immer schwarz. Die Sterne sind aber auch vom Mond aus nur nachts zu sehen, da sich das Auge am Tag auf die helle Mondoberfläche einstellt und so die kleinen hellen Punkte im Universum nicht erkennen kann.

tensystems. Am 14. Oktober 1959 schickte deshalb die UdSSR die Sonde Luna 3 in den Weltraum, die den Mond umkreisen und erstmals Fotos von seiner Rückseite zur Erde senden sollte.

Apollo 11

Nach monatelangem, intensivem Training durfte sich die Besatzung der Apollo 11, der Kommandant des Raumschiffs, Neil Armstrong (*1930), der Pilot des Kommandomoduls, Michael Collins (*1930), und der Pilot der Mondlandefähre, Dr. Edwin „Buzz“ Aldrin (*1930), endlich an Bord ihrer Raumfähre, der „Columbia“, begeben. Trotz des Wettlaufs mit der Sowjetunion war auf dieser Mission Sicherheit das oberste Gebot, das hatte ihnen Thomas Paine, der Chef der NASA, beim Frühstück ein letztes Mal eingeschärft. Und um dieses Gebot noch zusätzlich zu unterstreichen, hatte er ihnen eine Zusage gegeben, wie sie sonst in der bemannten Raumfahrt nicht üblich war: Sollte das Unternehmen aus irgendwelchen Gründen abgebrochen werden müssen, so würde die gleiche Besatzung sofort für den nächsten Raumflug eingeteilt werden.

Apollo 11: Neil Armstrong, Michael Collins, Edwin Aldrin

Um 9 Uhr 32 Ortszeit hob die Saturn-V-Rakete mit der Columbia an ihrer Spitze vom Boden ab. Das Dröhnen der Triebwerke, das Stampfen und Vibrieren der Rakete und ihre Schlingerbewegungen während des Starts, all das gehörte mittlerweile schon fast zum Routineprogramm der amerikanischen Raumfahrttechniker und verlief ohne jegliche Probleme. Ebenso reibungslos verlief das erste Weltraummanöver, das Ankoppeln der zwischen der dritten Raketenstufe und dem Versorgungsteil der Raumkapsel untergebrachten Mondlandefähre an die Kopfseite der Columbia.

Nach zwei Erdumkreisungen startete die Apollo 11 endgültig in Richtung Mond, dessen Umlaufbahn sie nach drei Tagen Flug erreichte. Bis zu diesem Zeitpunkt war die Columbia die meiste Zeit mit dem Heck vorausgefahren, und die Astronauten hatten den Mond zuletzt am zweiten Flugtag gesehen. Als sie jetzt das Raumschiff wendeten, bot sich ihnen ein Bild, das sie nie vergessen sollten. „Mein ganzes Leben lang hatte ich den Mond als eine zweidimensionale, kleine gelbe Scheibe in Erinnerung. Dieses Scheibchen wurde jetzt durch den furchterregendsten Globus ersetzt, den ich je gesehen hatte. Er war riesengroß, füllte das Fenster komplett aus und war auf frappierende Weise dreidimensional. Er schien sich uns entgegenzustrecken, sodass wir beinahe glaubten, ihn mit den Händen berühren zu können“, erinnerte sich Michael Collins später.

Als das Raumschiff auf die Rückseite des Mondes eingebogen war, war der Moment des Bremsmanövers gekommen. Immer wieder gingen die drei Männer jeden Handgriff durch. Dann sprang das Triebwerk an, und der Bremsdruck presste sie in ihre Sitze. Nach sechs Minuten stoppte das Triebwerk wieder. 1000 Meter

pro Sekunde betrug die Geschwindigkeitsänderung, und die aufgetretene Abweichung von der berechneten Umlaufbahn betrug weniger als ein Promille.
Bis zum nächsten Tag blieben Armstrong, Aldrin und Collins in der Columbia, dann stiegen Armstrong und Aldrin in die Mondfähre „Eagle“ um. Während Michael Collins die Columbia auf der Mondumlaufbahn hielt, begann das von der Firma Grumman entwickelte Mondlandefahrzeug den Abstieg zur Oberfläche des Mondes. Doch plötzlich begannen die Geräte verrückt zu spielen. Die Kontrollleuchten blinkten, und ein Alarm jagte den anderen. Ein ums andere Mal war Armstrong kurz davor, die Landung abzubrechen, doch immer wieder ertönte über Funk eine Stimme aus Houston, die ihn beruhigte und zum Weitermachen aufforderte. Die Stimme gehörte Steven Bailes, der in Houston für die Systeme der Mondlandefähre verantwortlich war und erkannt hatte, dass die Alarmmeldungen nur aufgrund einer Überlastung des Computers zustande kamen. Allerdings steuerte die Eagle jetzt direkt auf einen Krater zu, und Armstrong musste den Autopilot ausschalten und die Handsteuerung übernehmen. Die Triebwerke stoppten, und die Eagle setzte sanft auf der Oberfläche des Mondes, im „Meer der Ruhe“ („Mare Tranquillitatis“), nur wenige Kilometer vom eigentlichen Zielgebiet entfernt, auf.
Drei Stunden vergingen, bis die beiden Astronauten die Luke der Mondfähre öffneten, der Kommandant der Columbia sich durch die enge Öffnung ins Freie kämpfte und die Leiter hinunterkletterte. Am 21. Juli 1969 (in Amerika war es noch der 20. Juli) um 3 Uhr 56 MEZ setzte Neil Armstrong als erster Mensch seinen Fuß auf die Oberfläche des Mondes und sprach die legendären Worte: „That's one small step for [a] man, one giant leap for mankind.“ („Dies ist ein kleiner Schritt für einen Menschen, aber ein großer Sprung für die Menschheit.“)

Buzz Aldrin, gespiegelt in seinem Visier Neil Armstrong

15 Minuten später folgte ihm Buzz Aldrin. Sie installierten zunächst einige Forschungsgeräte und sammelten gut 21 Kilogramm Gesteinsproben, dann hissten sie die amerikanische Flagge. Der Spaziergang auf dem Mond dauerte zwei Stunden und 31 Minuten. Wie den beiden Astronauten erst nach ihrer Rückkehr auf die Erde auffiel, hatte Neil Armstrong die ganze Zeit über die Kamera benutzt, sodass sein Besuch auf dem Mond nur in einer Spiegelung auf dem Visier von Aldrins Raumanzug dokumentiert ist.
Nach ihrer Rückkehr in die Mondfähre ruhten Armstrong und Aldrin erst einige Stunden aus, bevor sie den Rückweg zur Columbia antraten. Die untere Hälfte der Eagle blieb dabei auf dem Mond zurück. Nach dem Andocken an die Raumkapsel wurde auch die Aufstiegsstufe der Mondfähre abgesprengt und zurückgelassen.

Nixon besucht die Crew in der Quarantänekammer

Der Rückflug zur Erde verlief ohne Probleme. Am 24. Juli landete die Columbia schließlich sicher im Pazifischen Ozean in der Nähe von Hawaii, wo sie kurz darauf geborgen wurde. Sicherheitshal-

? Schon gewusst?

Insgesamt zwölf Menschen, allesamt Amerikaner, haben den Mond bis heute betreten. Nach Neil Armstrong und Edwin Aldrin waren es auf fünf weiteren Missionen Charles Conrad (1930–99) und Alan Bean (*1932) mit Apollo 12 im November 1969, Alan Shepard (1923–98) und Edgar Mitchell (*1930) mit Apollo 14 im Januar 1971, David Scott (*1932) und James Irwin (1930–91) mit Apollo 15 im Juli 1971, John Young (*1930) und Charles Duke (*1935) mit Apollo 16 im April 1972 und Eugene Cernan (*1934) und Harrison Schmitt (*1935) mit Apollo 17 im Dezember 1972. Mit dem Geologen Harrison „Jack“ Schmitt betrat damals zum ersten und bislang einzigen Mal ein Wissenschaftler den Mond. Eugene Cernan stieg am 14. Dezember um 5 Uhr 40 UT als Letzter wieder in die Mondfähre ein und ist somit bis heute der letzte Mensch auf dem Mond. Mit drei Tagen und drei Stunden auf dem Mond war Apollo 17 die längste der sechs Apollomissionen.

ber – um das Einschleppen unbekannter Mikroben zu verhindern – mussten die Astronauten beim Verlassen der Raumkapsel biologische Schutzanzüge tragen und drei Wochen in einer Quarantänekammer bleiben. Die Angst vor einer möglichen Verseuchung der Erde stellte sich jedoch als unbegründet heraus.
Bei der verspäteten Begrüßungsfeier in New York gingen die drei Astronauten im Jubel der Menge fast unter. Sie erhielten für ihre Verdienste die Medaille des Friedens, die höchste Auszeichnung, die ein amerikanischer Staatsbürger erhalten kann.

Mondprogramme der Sowjetunion

Inwieweit die Sowjetunion tatsächlich bereit war, an dem von den USA ausgerufenen Wettlauf zum Mond teilzunehmen, ist eher unklar, da all ihre Raumfahrtprojekte, über deren Ausgang nicht von Anfang an absolute Sicherheit bestand, der höchsten Geheimhaltungsstufe unterlagen und bei einem Misserfolg alle Unterlagen dazu meist vernichtet wurden. Sicher ist allerdings, dass auch ein sowjetisches Mondprogramm existierte. Genau genommen waren es sogar zwei Programme: eines, das die bemannte Umkreisung des Mondes zum Ziel hatte, das andere, das die bemannte Mondlandung vorbereitete. Als jedoch feststand, dass die USA diesen Wettlauf gewinnen würden, wurde das Projekt sofort eingestellt. Lange Zeit wurde das Vorhandensein entsprechender Pläne von der UdSSR sogar vollständig dementiert.
John F. Kennedy hatte den Sowjets 1961 sogar die Zusammenarbeit bei einer gemeinsamen Mondmission vorgeschlagen, doch kann davon ausgegangen werden, dass dies nur ein taktischer Schachzug war. Zu genau wussten die Amerikaner, wie ungern sich die Sowjetunion gerade bei der Entwicklung von Projekten in einer solchen Größenordnung, die obendrein noch Auswirkungen auf den militärischen Bereich hatten, in ihre Karten schauen ließ. „Wenn wir versuchen, mit ihnen zu kooperieren, werden sie erkennen, wie schwach wir sind", erklärte Chruschtschow später seinem Sohn gegenüber die Ablehnung dieses Vorschlags.
Doch während die sowjetische Regierung vor allem über die propagandistischen Auswirkungen eines verlorenen Wettkampfs nachdachte, sah Koroljow den Moment gekommen, seine Träume von einer bemannten Station auf dem Mond als Ausgangspunkt für weitere Erkundungen des Weltalls Wirklichkeit werden zu lassen. Zunächst aber erhielt er die Genehmigung für seine beiden Mondprogramme, die Landung und die Umkreisung.

Wie Wernher von Braun bereits vermutet hatte, als er Kennedy zu der bemannten Mondlandung riet, musste auch die Sowjetunion für ein solches Projekt eine vollständig neue Trägerrakete konstruieren, deren Ausmaße alles bisher Dagewesene in den Schatten stellen würde. Koroljow entschloss sich, mit seinem OKB-1 die 1959 teilweise für militärische Zwecke entworfene N-1-Rakete weiterzuentwickeln. Doch die Ausführung der ursprünglichen

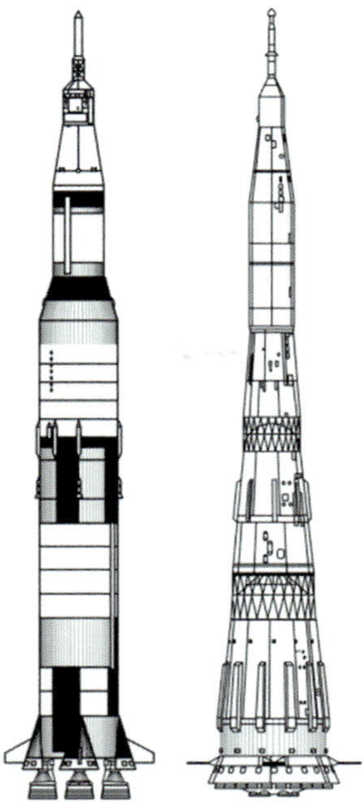

Vergleichsskizze: die amerikanische Saturn-V (links) und die sowjetische N-1

Pläne für die Rakete, die auch als „Herkules" bekannt wurde, scheiterte an dem alten Streit Koroljows mit Walentin Petrowitsch Gluschko (1908–89), der einst seinen Konkurrenten Koroljow denunziert hatte und für dessen Inhaftierung in Sibirien verantwortlich gewesen war. Gluschko war mittlerweile Leiter des OKB-456 geworden, des wichtigsten Herstellers für starke Raketenmotoren in der Sowjetunion. Deshalb versuchte Koroljow, eine andere Lösung für das Antriebsproblem zu finden. Anstelle weniger leistungsstarker Triebwerke propagierte er nun eine vierstufige N-1-Variante mit insgesamt 30 Triebwerken allein in der ersten Stufe, die in zwei Ringen mit sechs bzw. 24 Triebwerken angeordnet waren. Die zweite Stufe sollte acht, die dritte vier und die oberste Stufe ein Triebwerk besitzen. Doch die Synchronisierung der vielen Triebwerksbündel erwies sich als ein schier unmögliches Unterfangen. Mit einer Höhe von 105 Metern war die N-1 annähernd so groß wie die amerikanische Saturn-V-Rakete, doch konnte sie lediglich eine Nutzlast von 70 Tonnen transportieren.

Ende 1964, als das Saturnprojekt der Amerikaner schon längst in Gange war, erhielt Koroljow endlich die Genehmigung für den Bau seiner N-1. Wollte man doch noch mit den amerikanischen Entwick-

lungen gleichziehen, war nun äußerste Eile geboten. Das Problem der zu geringen Schubkraft hoffte man durch eine Montage der Einzelteile in der Erdumlaufbahn in den Griff zu bekommen, und auch die übrigen Mängel, die zum Teil für die Besatzung ein erhebliches Sicherheitsrisiko dargestellt hätten, gedachte man noch während der Testphase zu beseitigen.
Dann aber geschah etwas, das schließlich das Ende der Vormachtstellung der Sowjetunion in der Raumfahrttechnik bedeutete. Sergej Koroljow, der geniale Chefkonstrukteur der Sowjets, der schon in den letzten Jahren immer wieder unter gesundheitlichen Problemen gelitten hatte, starb am 14. Januar 1966 bei einer Darmoperation. Zu Koroljows Nachfolger wurde Wassili Pawlowitsch Mischin (1917–2001) ernannt, der schon bei der Durchführung des Sputnik- und Wostokprogramms mit Koroljow zusammengearbeitet hatte. Doch Mischin gelang es nicht, das zu diesem Zeitpunkt noch äußerst unausgereifte Sojusprogramm in die Wirklichkeit umzusetzen. Am 21. Februar 1969, fünf Monate vor der Mondlandung der Amerikaner, startete die erste N-1-Rakete. Vier unbemannte Tests wurden durchgeführt, doch jedes Mal explodierte sie wenige Sekunden nach dem Start. Durch den Absturz der zweiten N-1 am 3. Juli 1969 wurde gar der gesamte Startkomplex vernichtet, worauf das Programm für 18 Monate ausgesetzt werden musste. Angeblich soll beim zweiten N-1-Start eine zusätzliche N-1 startklar bereitgestanden haben. Wäre der unbemannte Start geglückt, so wäre diese Rakete mit Alexei Leonow und einem weiteren Kosmonauten zwei Wochen vor den Amerikanern zur ersten Mondlandung aufgebrochen. Nach dem vierten Fehlstart im November 1972 wurde das N-1-Programm endgültig aufgegeben.
Bessere Fortschritte als das Mondlandungsprogramm machten zunächst die Pläne für eine Mondumkreisung. Die benötigte Protonrakete war schon bald fertiggestellt, und auch die Raumkapsel für den bemannten Flug war bereit. Nach drei unbemannten Tests, die alle nicht besonders erfolgreich waren, bestand die sowjetische Regierung auf einem bemannten Testflug, bei dem allerdings statt des Mondes die Erde umkreist werden sollte. Am 23. April 1967 startete Wladimir Michailowitsch Komarow (1927–67) zur Sojus-1-Mission in den Weltraum. 18-mal umrundete er innerhalb von knapp 27 Stunden die Erde, bevor er wieder zur Landung ansetzte. Doch der Fallschirm, der den Sturz der Raumkapsel abfangen sollte, versagte, und Komarow stürzte ungebremst

auf die Erde zurück und zerschellte. Auch die sowjetische Raumfahrt hatte ihr erstes Opfer gefunden.

Wladimir Komarow beim Kosmonautentraining

Drei erfolgreiche unbemannte Tests in Folge wurden nun vorgeschrieben, bevor der nächste bemannte Flug stattfinden durfte. Einer dieser Tests, die 1968 im sogenannten Sondprogramm stattfanden, in dem seit den 1960er-Jahren zahlreiche Testflüge für die verschiedensten Missionen unter Geheimhaltung absolviert wurden, erregte schließlich die Aufmerksamkeit der Amerikaner, als die Raumkapsel, die etwas vom Kurs abgewichen war, im Indischen Ozean wasserte und mit großem Aufwand geborgen wurde. Die CIA vermutete zu Recht, dass die Sowjets eine bemannte Mondumrundung planten. Und diesmal waren die Amerikaner bereit, ihrerseits ihren Gegenspielern zuvorzukommen. Das Ziel der Apollo-8-Mission, für die eigentlich nur weitere Erdumrundungen vorgesehen waren, wurde kurzerhand umgeändert. Bereits am 21. Dezember 1968 starteten die Astronauten Frank Borman, William Anders und James Lovell zum ersten Flug um den Mond. Sie waren die ersten Menschen, die die Rückseite des Mondes sehen konnten.

Das endgültige Ende der Mondfahrtspläne der UdSSR kam 1974. Leonid Breschnew, der seit 1964 Generalsekretär der KPdSU war, enthob Wassili Mischin seines Amtes als Leiter des OKB-1 und ersetzte ihn durch Walentin Gluschko. Eine von dessen ersten Amtshandlungen war es, sämtliche N-1-Raketen einzuschmelzen.

Der Griff nach den Sternen – vom Konkurrenzkampf zur Zusammenarbeit

Mit der Eroberung des Mondes durch die Amerikaner verebbte das Interesse der Öffentlichkeit an der Raumfahrt allmählich wieder. War man zeitweise fast täglich mit Bildern aus dem Weltall oder mit Direktübertragungen aus dem Inneren der Raumkapseln konfrontiert worden und waren die ersten Astronauten vor Erreichen ihres seit beinahe einem ganzen Jahrzehnt propagierten Ziels so populär wie Rockstars gewesen, verlor sich die Begeisterung der Massen jetzt wieder. Die Spannung war vorbei, denn der Wettlauf zum Mond hatte endlich zum Sieg der Amerikaner geführt. Die Kräfteverhältnisse, so wie man sie gewohnt war, waren wieder hergestellt. Das Abenteuer war vorbei. Nun konnte man sich dem widmen, was ursprünglich das eigentliche Ziel der Raumfahrt gewesen war: die wissenschaftliche Erforschung der Geheimnisse des Universums.

Die Internationale Raumstation ISS

Der Neubeginn: Zusammenarbeit statt Wettbewerb

Als mit der ersten Mondlandung der Amerikaner am 21. Juli 1969 der Wettlauf der beiden Supermächte USA und UdSSR zu Ende war, ebbte nicht nur die Begeisterung und das Interesse der Bevölkerung am Thema „Raumfahrt“ schlagartig ab. Auch die Regierungen der beiden Länder waren nicht mehr bereit, auch die Raumfahrt weiterhin mit solch immensen Summen zu fördern, wie es in den vergangenen über zehn Jahren der Fall gewesen war. So hatten die Projekte Mercury, Gemini und Apollo zusammen mehr als 25 Milliarden Dollar gekostet.

Nach den Mondflügen führten die Amerikaner im Rahmen des Apolloprogramms bis 1975 noch vier letzte bemannte Raumflüge durch. Nach drei Skylabmissionen folgte vom 15. bis zum 24. Juli 1975 als Abschluss das Apollo-Sojus-Test-Projekt (ASTP), bei dem die russische Raumkapsel Sojus 19 am 17. Juli an das amerikanische ASTP-Raumschiff ankoppelte. Beinahe zwei Tage lang flogen die beiden Raumschiffe gemeinsam durch das All, während die Besatzungen, die Amerikaner Thomas Stafford, Vance Brand und Donald Slayton und die Russen Alexej Leonow, der zehn Jahre zuvor den ersten Weltraumspaziergang unternommen hatte, und Walerij Kubasow, in die jeweils andere Raumkapsel umgestiegen waren und dort gemeinsam arbeiteten und Experimente durchführten. Das Apollo-Sojus-Test-Projekt war das erste gemeinsame Weltraumprojekt von USA und Sowjetunion. Ziel der Mission war die Erprobung von Kopplungsmanövern zwischen den Raumfahrzeugen der beiden Nationen, um sich notfalls gegenseitig zu Hilfe kommen zu können. Darüber hinaus war es aber vor allem ein symbolischer

Leonow und Slayton im Sojus-Orbital-Modul

! Raumfahrtkatastrophen I

Der erste Mensch, der sein Leben während einer Weltraummission verlor, war 1967 Wladimir Komarow auf der Mission Sojus 1. Auch das Sojus-11-Unglück am 29. Juni 1971 ereignete sich auf dem Heimweg von einer geglückten Mission, bei der die drei Kosmonauten Georgij Dobrowolskij, Viktor Patsajew und Wladislaw Wolkow einen dreiwöchigen Aufenthalt auf der kurz zuvor gestarteten Raumstation Saljut 1 absolviert hatten. Nach der Trennung der Landekapsel von der Versorgungseinheit kurz vor dem Wiedereintritt in die Erdatmosphäre versagte ein Ventil und die gesamte Atemluft entwich in den Weltraum. Da die Besatzung aus Platzgründen keine Raumanzüge trug, war sie bei ihrer Landung tot.

Akt für Frieden und Völkerverständigung, ein pazifistisches Signal gegenüber der durch das Wettrüsten forcierten militärischen Nutzung der Raketentechnik. Vorausgegangen war dem Unternehmen am 24. Mai 1972 die Unterzeichnung eines Abkommens über die Zusammenarbeit bei der Erforschung und Nutzung des Weltraums für friedliche Zwecke durch den amerikanischen Präsidenten Richard Nixon (1913–94) und den Russen Alexej Nikolajewitsch Kossygin (1904–80), der maßgeblich an der Entspannungspolitik der Sowjetunion gegenüber den USA, Deutschland und China beteiligt war.

Außenposten im All: Der Bau der Raumstationen

Nachdem die Sowjetunion mit ihrem Mondprogramm gescheitert war, wandte sie sich wieder einem Projekt zu, das sie, wie schon von amerikanischer Seite her vermutet worden war, länger und entsprechend sorgfältiger vorbereitet hatte: dem Bau einer Raumstation.

Bereits 1964 hatte man mit den Arbeiten an einer militärischen Raumstation mit dem Namen „Almaz" („Diamant") als Gegenstück zu dem MOL-Programm (Manned Or-

! Raumfahrtkatastrophen II

Die beiden bekanntesten Raumfahrtkatastrophen sind das Challenger-Unglück von 1986, bei der die Raumfähre nur 70 Sekunden nach ihrem Start aufgrund eines defekten Dichtungsrings am rechten Feststoffbooster explodierte und sieben Astronauten in den Tod riss, und die Columbia-Katastrophe von 2003. Die Mission war zunächst planmäßig verlaufen, und die Besatzung hatte während ihres 16-tägigen Weltraumaufenthalts über 80 Experimente durchgeführt. Am 1. Februar, nur 15 Minuten vor der geplanten Landung, geschah dann die Katastrophe. Beim Wiedereintritt in die Erdatmosphäre versagte der Hitzeschild, da einige seiner Kacheln bereits beim Start der Raumfähre durch ein herabfallendes Schaumstoffteil beschädigt worden waren. Die Temperaturen an der linken Seite des Shuttles stiegen schlagartig an, einige Sensoren fielen aus, dann brach das gesamte Raumschiff auseinander. Der Schock über das Columbia-Unglück war besonders groß, da es leicht durch eine Reparatur im Weltall hätte verhindert werden können. Doch die NASA hatte die Schäden als zu geringfügig erachtet, obwohl sie von einigen Ingenieuren auf sie aufmerksam gemacht worden war. Alle sieben Crewmitglieder starben innerhalb weniger Sekunden.

biting Laboratory) der Air Force begonnen. Entwickelt wurde sie unter Wladimir Tschelomei (1914–84) durch das Konstruktionsbüro OKB-52. Da ihre Entwicklung allerdings den vorgesehenen Zeitraum weit überschritt, beschloss man 1970, parallel dazu durch das ZKBEM (Zentrales Konstruktionsbüro des Experimentellen Maschinenbaus) in Kombination mit der Sojus-Technologie auf der Almazgrundlage die zivile Raumstation DOS (Langzeit-Orbital-Station) entwickeln zu lassen. Tatsächlich waren die DOS-Stationen bereits 1971 startklar, und der Start der ersten Raumstation Saljut 1 erfolgte mit einer Protonträgerrakete am 19. April desselben Jahres.

Saljut 1

Die knapp 16 Meter lange und 19 Tonnen schwere Station bestand aus vier zylinderförmigen Modulen: der Schleuse mit dem Kopplungssystem für das Andocken der dreisitzigen Sojus-Zubringerkapseln, zwei Arbeitsbereichen mit einem Durchmesser von 2,9 bzw. 4,2 Metern und dem Antriebsmodul mit einem verbesserten Sojustriebwerk am hinteren Ende. Als Stromversorgung dienten zwei Flächen mit Solarzellen an den beiden Enden der Raumstation. Zusätzlich wurde sie in eine leichte Drehbewegung versetzt, durch die die Solarzellen optimal genutzt werden konnten. Zunächst blieb die Saljut 1 unbemannt, denn der erste Kopplungsversuch mit der Sojus 10 misslang. Die erste Besatzung gelangte mit der Sojus 11 im Juni 1971 auf die Saljut 1, wo sie 23 Tage lang arbeitete, bevor sie auf dem Rückflug ums Leben kam. Die Station verglühte nach einem knappen halben Jahr in der Erdatmosphäre. Insgesamt sechs funktionsfähige Saljutraumstationen wurden zwischen 1971 und 1982 in den Erdorbit geschossen. Zwei von ihnen, Saljut 3 und 5, waren militärische Almazstationen, die zur Verschleierung ihrer Spionagefunktion unter dem gleichen Namen starteten.

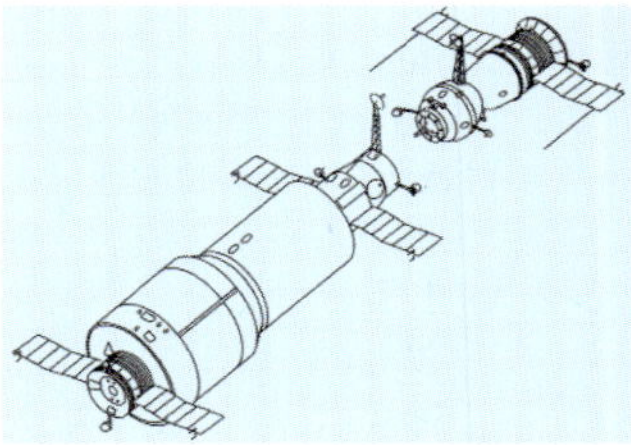

Saljut 1

Die Lebensdauer der ständig verbesserten und vergrößerten Saljutstationen erhöhte sich im Lauf der Zeit auf mehrere Jahre, und mehrere Stammbesatzungen lösten einander nach monatelangen Einsätzen ab. Außerdem konnten mehrfach Gastmannschaften, auch aus anderen Ländern, auf ihnen empfangen werden. Die Serie der Saljutraumstationen wurde

1986 durch die Raumstation Mir abgelöst. Obwohl sie noch voll funktionsfähig war, kreiste sie ab Juni 1986 unbemannt um die Erde, bis sie im Februar 1991 in der Erdatmosphäre verglühte. Die Stationen beider Reihen, Almaz und DOS, hatten wesentlich dazu beigetragen, neue Technologien für einen längeren Aufenthalt im All wie auch für die Konstruktion komplexerer Strukturen zu erforschen.

Mir

Die bedeutendste Raumstation ist bis heute die Mir („Friede“ oder „Welt“), die neben dem Sputnik und dem Flug Gagarins als größte Leistung der sowjetischen Raumfahrt gilt. Am 20. Februar 1986 wurde ihr Basisblock in den Weltraum gebracht, wo sie bis zu ihrem kontrollierten Absturz am 23. März 2001 5511 Tage im Orbit blieb. Die Mir kann mit Recht als erster Außenposten der Menschheit im Weltall bezeichnet werden, denn sie war nicht nur die erste auf einen dauerhaften wissenschaftlichen und bemannten Betrieb ausgelegte Weltraumstation, sondern übertraf auch die in sie gesetzten Erwartungen um ein Vielfaches. 28 Langzeitbesatzungen verbrachten insgesamt 4594 Tage auf ihr, wobei sie mehr als 23.000 Experimente durchführten. Ihr Aufenthalt im All dauerte mehr als 15 Jahre, obgleich nur eine Lebensdauer von fünf Jahren vorgesehen gewesen war. 86.325-mal umkreiste sie die Erde und legte dabei 3.638.470.307 Kilometer zurück.

Wie die Saljutstationen war auch die Mir modular aufgebaut, sodass sie im Lauf von zehn Jahren immer wieder erweitert werden konnte. Neben dem Basismodul bestand sie aus den Wissenschaftsmodulen Kwant 1 und 2, Kristall (oder Kwant 3) und Spektr, dem Andockmodul für das Spaceshuttle und dem Forschungsmodul Priroda. Insgesamt hatte die Mir zuletzt ein bewohnbares Volumen von 350 Kubikmetern und ihre Gesamtmasse betrug 124,34 Tonnen. In den letzten Jahren häuften sich allerdings die Pannen wie Computer- und Stromausfälle, Materialschäden, Druckabfälle

Das amerikanische Spaceshuttle Atlantis dockt an die russische Raumstation Mir an.

etc., wobei jedoch niemand ernsthaft zu Schaden kam.
Für die Sowjetunion waren die Mir und die Langzeitmissionen auf ihr ein geeignetes Mittel, sich erneut internationales Ansehen zu verschaffen. Im Bewusstsein der technischen Überlegenheit – die USA hatten mit Skylab zwischen 1973 und 1979 nur ein einziges und nicht sehr erfolgreiches Raumstationenprojekt zu bieten, das nach 1973 nicht einmal mehr bemannt war – ging sie diesmal einen ganz neuen Weg. Bereits nach dem Start des Basismoduls gab man diesen öffentlich bekannt und beantwortete auch gegenüber der westlichen Presse bereitwillig alle Fragen zu den technischen Details.

ISS

Am 20. November 1998 begann dann mit dem Bau der Internationalen Raumstation ISS ein neues Zeitalter in der bemannten Raumfahrt. Bei keinem anderen Projekt hatten jemals so viele Nationen aus Ost und West zusammengearbeitet. Neben ihrer Nutzung als Forschungsstation soll sie eines Tages auch als Ausgangspunkt für bemannte Flüge zum Mars und zum Mond dienen. Die Pläne für die ISS reichen bis 1984 zurück, als der damalige US-Präsident Ronald Reagan (1911–2004) den Bau einer Raumstation ankündigte, deren Kosten durch internationale Beteiligung gesenkt werden sollten. Als 1994 auch die Beteiligung Russlands angekündigt wurde, verschmolzen die Pläne der „Space Station Alpha“ und der „Mir II“ zum Projekt „ISS“.

ISS

Seit 1998 kreist die ISS in 350 Kilometer Höhe alle 91 Minuten um die Erde. In ihrem Endausbau, der für 2011 geplant ist, soll sie maximale Abmessungen von etwa 110 mal 100 mal 30 Metern bei einer Masse von 400 Tonnen erreichen. Danach soll die ISS noch mindestens bis 2020 in Betrieb bleiben. 46 Missionen hat es bislang (Stand 31. März 2009) zur ISS gegeben, bereits die 19. Stammbesetzung ist (teilweise seit dem 14. Oktober 2008) dort im Einsatz.

Die ESA – Europa als dritte führende Macht im Weltraum

Wenngleich die beiden Supermächte, die USA und die UdSSR, mit ihrem Wettlauf zum Mond die ganze Aufmerksamkeit der Öffentlichkeit auf sich zogen, waren sie dennoch nicht die einzigen Länder, die sich mit der Erforschung des Weltraums auseinandersetzten. Besonders in Deutschland – als dem Land, das für die Entwicklung der Raketentechnik entscheidend gewesen war – blieb auch nach der Abwanderung der wichtigsten Wissenschaftler auf diesem Gebiet das Thema stets aktuell. Aber auch in anderen westeuropäischen Ländern stieg das Interesse an der Raumfahrt mit dem wirtschaftlichen Aufschwung der 1950er-Jahre. Schon bald mussten sie allerdings erkennen, dass es für nationale Projekte niemals möglich sein würde, auch nur annähernd mit den beiden Großmächten zu konkurrieren. Das erste Treffen, auf dem über die Gründung einer gemeinsamen westeuropäischen Weltraumorganisation gesprochen wurde, fand 1958, wenige Monate nach dem Sputnik-Schock, zwischen Wissenschaftlern aus acht Ländern statt.

! Raumfahrtkatastrophen III

Die schlimmsten Katastrophen mit den meisten Toten ereigneten sich bei Raketenstarts am Boden. Der erste solche Unfall war 1960 die Nedelin-Katastrophe. Geplant war der erste Start einer R-16-Trägerrakete, doch noch vor dem Start traten Probleme bei der Elektronik auf. Normalerweise wäre der Start sofort abgebrochen worden, da man aber die sowjetische Überlegenheit gegenüber den USA demonstrieren wollte und der Start deshalb mit Publikum stattfand, entschied Marschall Mitrofan Nedelin, der Leiter des Projekts, dass der Start fortgesetzt werden sollte. Demonstrativ setzte er sich direkt neben der Rakete auf einen Stuhl, sodass auch seine Untergebenen praktisch gezwungen waren, in relativ geringer Entfernung zu der Rakete zu bleiben. Dann geschah das Unausweichliche. Die Rakete explodierte und verwandelte den Startplatz in ein Flammenmeer. Annähernd 100 Menschen verloren in ihm ihr Leben. 1973 und 1980 starben auf dem russischen Weltraumbahnhof bei missglückten Raketenstarts neun bzw. über 50 Menschen. Aber auch in China gab es beim Start der Rakete vom Typ „Langer Marsch“ 2E und 3B in den Jahren 1995 und 1996 zahlreiche Tote, ebenso 2003 in Brasilien.

Zunächst entschied man sich für die Einrichtung zweier Agenturen mit getrennten Aufgabenbereichen: die ELDO (European Launch Development Organisation) für den Bau von Trägersystemen und die ESRO (European Space Research Organisation) für die Entwicklung wissenschaftlicher Satelliten.
Die Europäische Raumfahrtorganisation ESA wurde am 30. Mai 1975 zur besseren Koordinierung der verschiedenen Projekte und Forschungen als Nachfolgerin von ELDO, ESRO und der Europäischen Fernmeldesatellitenkonferenz (CETS) gegründet. Ihren Hauptsitz hat sie in Paris, weitere wichtige Zentren sind im niederländischen Noordwijk, im italienischen Frascati, im spanischen Villafranca del Castillo und im schwedischen Kiruna. In Deutschland befinden sich das Europäische Raumflugkontrollzentrum

Kontrollraum im Europäischen Raumflugkontrollzentrum in Darmstadt

(ESOC) in Darmstadt und das Europäische Astronautenzentrum (EAC) in Köln. Außerdem unterhält die ESA Büros in den USA, in Russland und in Belgien.
Aber auch das Weltraumzentrum Guayana in Kourou in Französisch-Guayana, das 1964 als französisches Raumfahrtzentrum errichtet wurde, gehört zur ESA. Trotz der großen Entfernung zu Europa wurde damals das Gebiet an der Nordostküste Südamerikas als idealer Raketenstartplatz ausgewählt, da es aufgrund seiner Lage am fünften nördlichen Breitengrad, nur 500 Kilometer entfernt vom Äquator, besonders geeignet ist. Durch Ausnutzung der Erdrotation wird die Startgeschwindigkeit noch um ca. 500 Meter pro Sekunde erhöht, außerdem können die Starts in Richtung Meer durchgeführt werden, sodass eine Gefährdung der Bevölkerung ausgeschlossen ist.
18 Staaten gehören der ESA mittlerweile an: Belgien, Dänemark, Deutschland, Finnland, Frankreich, Griechenland, Großbritannien, Irland, Italien, Luxemburg, die Niederlande, Norwegen, Österreich, Portugal, Schweden, die Schweiz, Spanien und Tschechien. Generaldirektor ist seit 2003 Jean-Jacques Dordain (*1946). Nach Artikel II ihrer Satzung dient die ESA ausschließlich zivilen Zwecken und betreibt auch keine Luftfahrtforschung.

Seit den drastischen Kürzungen im Budget der amerikanischen und russischen Raumfahrtzentren in den 1970er-Jahren konnte sich die ESA zunehmend als dritte Kraft in der Erforschung des Weltalls etablieren. Ihr erstes großes wissenschaftliches Projekt startete die ESA bereits 1975 mit COS-B, einem Satelliten zum Studium kosmischer Gammastrahlen. Mit Giotto startete die ESA ihre erste Deep-Space-Mission zur Untersuchung der Kometen Halley und Grigg-Skjellerup, wobei zum ersten Mal organisches Material auf einem Kometen gefunden wurde. 1997–2005 war ihre Sonde Huygens im Weltraum unterwegs, bis sie auf dem Saturnmond Titan landete, um dort chemische Untersuchungen durchzuführen und seine Oberfläche zu fotografieren. Zu ihren derzeit laufenden Projekten gehören der Venusexpress, eine Raumsonde zur Untersuchung der Venus, das Satellitennavigationssystem Galileo und als Gemeinschaftsprojekt mit der NASA das Hubbleweltraumteleskop. Als europäische Trägerrakete wurde die Ariane entwickelt. Während anfangs die Kooperation mit NASA-Projekten dominierte, führt die ESA mittlerweile ihre Projekte zunehmend in Eigenregie oder in Zusammenarbeit mit Russland durch.

! Raumfahrtkatastrophen IV

Ein weiteres Unglück konnte 1970 durch den mutigen und besonnenen Einsatz der Besatzung von Apollo 13 (James Lovell, John Swigert und Fred Haise), aber vor allem auch mithilfe der mehr als tausendköpfigen Belegschaft der Bodenstation verhindert werden. 56 Stunden nach dem Start war ein Sauerstofftank im Versorgungsteil des Raumschiffs explodiert, wodurch neben anderen Systemen auch die Sauerstoff- und Stromversorgung in der Kommandokapsel versagten. Da sich die Apollo 13 glücklicherweise noch auf dem Hinweg zum Mond befand, war die Mondlandefähre noch an Bord und konnte als Rettungsboot verwendet werden. Die Mondlandung war nun natürlich kein Thema mehr, sondern alle Kräfte konzentrierten sich darauf, die Astronauten gesund zur Erde zurückzuholen. Mit dem Triebwerk der Mondfähre gelang es ihnen, die Apollo 13 auf einen Kurs um den Mond zu bringen, der schließlich zur Erde zurückführte. Das eigentliche Problem waren allerdings die Lebenserhaltungssysteme, denn es war eisig kalt, und der Kohlendioxidgehalt war zuletzt so hoch, dass die Astronauten nur mittels eines selbst gebastelten Filters überleben konnten.

Gegenwart und Zukunft – Missionen und Visionen

Die Entwicklung, die die Weltraumtechnik seit den Tagen der Raumfahrtpioniere Ziolkowski, Oberth und Goddard gemacht hat, ist schier unglaublich. Gemessen an ihren Möglichkeiten ist sie jedoch über ihre Anfänge kaum hinausgekommen. Vor 51 Jahren umrundete mit Sputnik der erste künstliche Satellit die Erde, vor 40 Jahren betrat der erste Mensch den Mond – die Zielstrebigkeit und der Enthusiasmus, mit denen damals diese Ziele verfolgt wurden, hat schon längst nachgelassen, und mittlerweile sind es vor allem wirtschaftliche Gesichtspunkte, die über die geplanten Raumfahrtprojekte entscheiden. Dennoch gibt es auch heute noch Utopien und Visionen, deren Verwirklichung vielleicht gar nicht mehr in allzu weiter Ferne liegt.

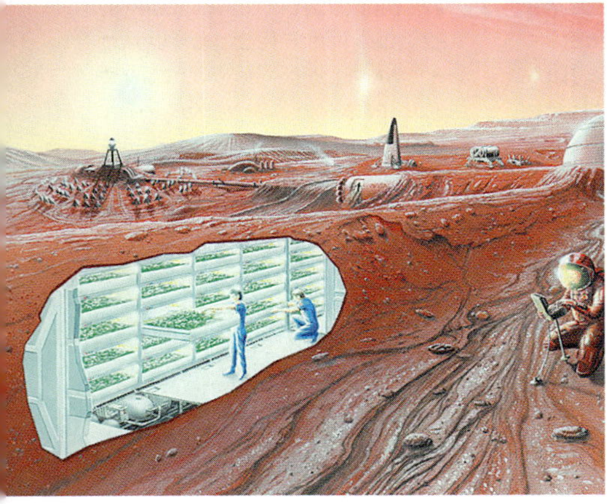

Pläne zur Marskolonisation

Geplante Missionen

Seit die Zeit des spektakulären Wettlaufs zum Mond zwischen den USA und der Sowjetunion vorbei ist, gehen die Weltraummissionen weitgehend unbemerkt von der Öffentlichkeit über die Bühne. Nichtsdestotrotz geht die Weltraumfahrt unvermindert weiter. Bemannte Missionen verlassen allerdings seit den legendären Apollomissionen den Orbit der Erde nicht mehr, vielmehr handelt es sich stets um Einsätze auf der Internationalen Raumstation ISS oder um Wartungsarbeiten an den zahlreichen Satelliten, die die Erde umkreisen.

Sieben bemannte Missionen sind zwischen Mai und Dezember 2009 noch geplant, deren Ziel fast durchgehend die ISS ist. Dabei handelt es sich dreimal um Versorgungsflüge (13. Juni, STS-127, USA, 6. August, STS-128, USA, 12. November, STS-129, USA) und dreimal um den Wechsel ihrer Stammbesatzung (27. Mai, Sojus TMA 15, Russland, 30. September, Sojus TMA 16, Russland, 7. Dezember, Sojus TMA 17, Russland). Am 12. Mai startet außerdem eine Servicemission zum Weltraumteleskop Hubble.

Astronaut Musgrave bei STS-61: die erste Wartungs- und Reparaturmission für das Hubble-Weltraumteleskop

Neun weitere Flüge zur ISS sind für 2010 geplant.

Außerdem sind derzeit zahlreiche unbemannte Missionen im Einsatz, angefangen von den Satelliten auf einer Erdumlaufbahn, unter ihnen z. B. die beiden großen Teleskope Hubble und Chandra, bis hin zu den Raumsonden, die sich seit mehreren Jahren auf einer Planetenmission befinden, wie die Marsforschungsfahrzeuge Spirit und Opportunity (seit 2003) oder die Cassini-Huygens-Mission zum Saturn (seit 1997).

Weitere Missionen sind für die nächsten Jahre konkret geplant oder befinden sich noch in der Aufbauphase. U. a. ist für 2011 der Start eines Mars Science Laboratory geplant, das 2012 landen soll, außerdem plant die NASA auf dem Mars für die nächsten beiden Dekaden ein Langzeitforschungsprogramm. Die japanische Raumfahrtagentur JAXA plant für 2010 den Venus-Orbiter Planet-C, und die russische Raumfahrtbehörde Roskosmos will 2016 die Sonde Venera-D starten, die auf der Venus landen soll. Der Jupiter soll ab 2011 durch die NASA-Sonde Juno erforscht werden, die ihn über ein Jahr lang auf einer polaren Umlaufbahn umkreisen soll. Außerdem ist für den 26. Januar 2010 von der NASA der Start des Solar Dynamics Observatory (SDO) zur Erforschung der dynamischen Vorgänge der Sonne geplant.

Roboter als Forscher des 21. Jahrhunderts

Die Dimensionen im Weltall sind so ungeheuer, dass wir niemals in der Lage sein werden, es auch nur annähernd selbst zu erforschen, sondern immer auf die Unterstützung durch künstliche Lebewesen zurückgreifen müssen. Selbst bei der Erforschung unseres eigenen Sonnensystems sind wir im Moment noch auf sie angewiesen, da die Technik für bemannte Raumflüge über eine solche Distanz vor allem aus Kostengründen noch nicht entwickelt wurde. So brauchte beispielsweise die Raumsonde Cassini sieben Jahre, bis sie den Saturn erreichte. Die Entfernung zum erdnächsten Stern, Alpha Centauri, beträgt gleich gar 4,3 Lichtjahre.

Sehr viel von dem, was heute über die Planeten und den Weltraum bekannt ist, haben wir durch den Einsatz von Raumsonden erfahren. Seit vielen Jahren wird deshalb immer wieder die Frage gestellt, ob bemannte Raumfahrt überhaupt noch sinnvoll ist. Immer wieder wird die Kostenfrage ins Feld geführt, denn

Mars Exploration Rover

ein Raumschiff wird immer mehr kosten als eine Raumsonde. So sinnvoll also der Einsatz von Robotern, wie den Marsrobotern Spirit und Opportunity, bei der Durchführung von Planetenmissionen ist, so sollte man auch bedenken, dass die Pannen, die in den letzten Jahren beim Einsatz der Raumsonden zu monatelangen Verzögerungen oder gar zum Abbruch der Mission geführt haben, von einem menschlichen Astronauten im Handumdrehen behoben worden oder gar nicht erst entstanden wären.

Der erste Mensch auf dem Mars

Der nächste Meilenstein in der Geschichte der Raumfahrt wird vielleicht der erste bemannte Flug zum Mars, dem mit 54–401 Millionen Kilometern erdnächsten Planeten, sein. Wann dieser allerdings stattfinden wird und ob wir ihn noch erleben, darüber kann nur spekuliert werden. Die Technik wäre bei einem derartigen Unternehmen sogar das geringere Problem im Vergleich zu den enormen Kosten.

Bereits 1952 hatte Wernher von Braun Pläne für ein Marsprojekt veröffentlicht, das bei dem damaligen Stand der Technik tatsächlich – zumindest theoretisch – realisierbar gewesen wäre. Von einer bemannten Raumstation auf der Erdumlaufbahn in 1730 Kilometer Höhe sollte zunächst eine Mondlandung und dann eine Mission zum Mars mit zwei Raumschiffen und zwölf Astronauten gestartet werden, die bei einem 448-tägigen Aufenthalt auf dem Mars nach 968 Tagen wieder zurückgekehrt wären. Eines der größten Probleme dieses Konzepts war die Tatsache, dass die Marsschiffe auf der Raumstation zusammengebaut werden sollten und dafür erst alle Einzelteile auf 400 Versorgungsflügen mit nicht wiederverwendbaren Raketen dorthin transportiert hätten werden müssen.

Eines der größten Probleme einer bemannten Marsmission, der Transport einer ausreichenden und entsprechend schweren Menge Treibstoff, wurde 1990 von dem Amerikaner Robert Zubrin (*1952) gelöst. In seinem „Mars Direct"-Plan verzichtet er auf die Mitnahme des Treibstoffs und schlägt stattdessen vor, aus der vorwiegend kohlendioxidhaltigen Atmosphäre des Mars mithilfe von mitgebrachtem Wasserstoff Methan als neuen Treibstoff zu gewinnen. Dadurch ließen sich die Kosten für eine bemannte Marsmission entscheidend senken.

Die erste Raumsonde, die den Mars umrunden sollte, wurde schon 1960 von der UdSSR ge-

? Schon gewusst?

Da sich die Erde und die anderen Planeten auf unterschiedlichen Umlaufbahnen um die Sonne befinden, ändert sich ihr Abstand voneinander fortwährend. Der Abstand zwischen Erde und Mars variiert beispielsweise zwischen 56 und 400 Millionen Kilometern. Die Voraussetzung für die Berechnung der Planetenbahnen oder auch der Flugbahnen von Raketen und Satelliten ist die Kenntnis der Himmelsmechanik und ihrer Gesetze, zu denen auch die Keplerschen Gesetze und die Newtonschen Axiome gehören. Die Grundlage der Himmelsmechanik ist das Newtonsche Gravitationsgesetz. Dass aber nach den Gesetzen der Himmelsmechanik der kürzeste Weg nicht immer auch der effektivste ist, erkannte bereits der deutsche Ingenieur Walter Hohmann (1880–1945), der 1925 in seinem berühmten Buch *Die Erreichbarkeit der Himmelskörper* die günstigsten Flugbahnen in unserem Sonnensystem berechnete. Seine Berechnungen der Flugbahnen zu den Planeten Mars und Venus gelten bis heute als klassisch. Die elliptischen Flugbahnen zwischen der Erde und der Bahn des Zielplaneten, die den geringsten Geschwindigkeits- und Energieaufwand erfordern, werden deshalb auch als Hohmann-Bahnen bezeichnet.

startet; sie erreichte aber nicht einmal den Erdorbit. Die ersten 21 Fotos vom Mars übertrug die Mariner 4, die am 28. November 1964 gestartet und am 14. Juli 1965 am Mars vorbeigeflogen war. Mariner 9, der erste künstliche Marssatellit, kartografierte die

Sojourner, der Rover der Pathfinder-Sonde, untersucht einen Felsen.

gesamte Marsoberfläche und schickte über 7000 Bilder an die Erde. Bei insgesamt sechs geglückten Marslandungen wurden die Forschungssonden und -roboter Viking 1 und 2, Phoenix, Spirit, Opportunity und Mars Pathfinder auf die Marsoberfläche gebracht.

Anfang 2004 kündigte George W. Bush (*1946) als Ziel für die Zeit nach 2020 eine bemannte Marsmission an.

Die Besiedlung des Weltraums

Wie kaum ein anderes Gebiet der Technik war die Raumfahrt stets das Objekt der Fantasie und der Utopien der Menschen. Sie liefert aber nicht nur den Stoff für immer neue Fantastereien, sondern profitiert auch selbst immer wieder von den Ideen und Träumen, die sich mit der Erforschung und dem Leben im Weltall beschäftigen. So hielt es einst wohl kaum jemand für möglich, dass die Ideen aus Jules Vernes beiden Büchern jemals Wirklichkeit werden könnten. Dennoch aber waren gerade sie es, die die größten Vordenker der Raumfahrt erst zu ihrer Beschäftigung mit diesem Thema inspirierten.

Neben der Eroberung des Weltraums spielte sowohl in der Science-Fiction-Literatur als auch bei den seriösen Wissenschaftlern von Anfang an die Besiedlung des Weltraums eine große Rolle. Und sogar bei der NASA träumte man noch in den 1970er-Jahren von einer besseren Welt mit saftigen Wiesen, lauschigen Wäldern und kühlen Seen draußen im Weltraum. Diese Träume haben sich mittlerweile zerschlagen, denn nirgends konnte bisher ein Stern gefunden werden, der auch nur annähernd als neuer Lebensraum in Frage käme.

Der Gedanke an eine Auswanderung von der Erde ist jedoch nach wie vor aktuell. Denn dies könnte eine Antwort auf die Überbevölkerung der Erde, die Vernichtung ihrer Biosphäre und den möglichen Einschlag von Meteoriten sein.

Als Alternative zur Besiedlung fremder Planeten wurde bereits sehr früh die Konstruktion künstlicher Weltraumsiedlungen diskutiert. Schon Konstantin Ziolkowski sprach Anfang des 20. Jahrhunderts von „Außenstationen“ in der Erdumlaufbahn, die anfangs zwar noch von der Erde abhängig wären, aber bald schon mithilfe von „Orangerien“ ihren Sauerstoff und die nötigen Lebensmittel selbst produzieren und so von ihr gänzlich unabhängig werden würden. Zugleich hatte er die Idee, diese Außenstationen als Weltraumbahnhöfe für den Flug zu anderen Planeten zu benutzen. Das

Konzept einer radförmigen Station stammt allerdings von dem slowenischen Raumfahrttheoretiker Herman Potocnik (1892–1929), der seine Idee von einem rotierenden „Wohnrad" in Kombination mit einem Sonnenkraftwerk und einem Observatorium unter dem Pseudonym „Hermann Noordung" Ende 1928 in seinem Buch *Das Problem der Befahrung des Weltraums – der Raketenmotor* veröffentlichte. 1999 wurde das Buch von der NASA ins Englische übersetzt.

Weltraumrad nach Herman Potocnik

Eines der bekanntesten frühen Modelle einer Raumstation, das ein Jahr später von dem irischen Physiker John Desmond Bernal (1901–71) veröffentlicht wurde und 20.000 bis 30.000 Menschen einen langfristigen Lebensraum bieten sollte, ist die Bernalsphäre. In der zylindrischen Hohlkörperkonstruktion mit einem Durchmesser von 16 Kilometern sollte eine mit Sauerstoff gefüllte Biosphäre angelegt werden, die durch einen äußeren Ring von Solarsegeln mit Sonnenlicht und Energie versorgt werden würde. Durch Rotation sollte auch hier eine künstliche Schwerkraft erzeugt werden.

! Schwerkraft …

Neben der Versorgung mit Sauerstoff, Wasser und Lebensmitteln ist auch das Vorhandensein von Schwerkraft, und dies in einem Verhältnis wie auf der Erde, eine Grundvoraussetzung für ein Leben außerhalb unseres Planeten. Ein Leben in der Schwerelosigkeit wäre auf Dauer weder gesund noch wirklich erstrebenswert. Das, was wir unter dem Begriff „Schwerkraft" verstehen, ist die Kraft, die in einem Schwerefeld auf einen Körper wirkt. Sie entsteht durch das Zusammenwirken der durch die Gravitation entstandenen Anziehungskraft und der durch die Rotation hervorgerufenen Zentrifugalkraft. In Verbindung mit der Dichte der Materie erzeugt die Schwerkraft das spezifische Gewicht eines Körpers.

1954 beschrieb Hermann Oberth in seinem Buch *Menschen im Weltraum – Neue Projekte für Raketen- und Raumfahrt* Reisen durch das All mit riesigen Wohnwalzen.
Auch Wernher von Braun hatte bereits 1952 seine Visionen von einer bemannten Raumstation, die über der Erde kreist, für das US-Magazin *Collier's Weekly* zu Papier gebracht, das in den frühen 1950er-Jahren mit seiner Serie „Man will Conquer Space Soon!" der breiten Öffentlichkeit den Gedanken von einer Reise zum Mond als reale Möglichkeit näherbringen wollte.
1975 wurde von Carolyn und Keith Henson die L-5-Society gegründet, um die Ideen des Physikers Gerard K. O'Neill (1927–92) zu propagieren. O'Neill war einer der Ersten, die die Frage, ob eine Erschließung des Sonnensystems nur über die Schritte Raumstation–Mondbasis–Planetenbesiedlung möglich sei, klar verneinten. Er entwickelte verschiedene Modelle von Weltraumkolonien, die später als O'Neill-Kolonien oder „Island Three" bekannt wurden. Ihnen allen gemeinsam war die Loslösung von einem natürlichen Himmelskörper und die Tatsache, dass sie keineswegs nur als Ausgangspunkt für weitere Forschungen dienen sollten, sondern als

! … und künstliche Schwerkraft

Während die Schwerkraft auf einem anderen Planeten oder auch auf dem Mond durch dessen Masse vorgegeben und nicht veränderbar ist, kann bei der Konstruktion einer Weltraumkolonie Schwerkraft nicht nur künstlich erzeugt, sondern theoretisch sogar auf die passende Stärke eingestellt werden. Dies ist beispielsweise durch Rotation möglich, eine Methode, die bereits seit Beginn des 20. Jahrhunderts bei derartigen Überlegungen eine maßgebliche Rolle spielt. Um eine erdähnliche Anziehungskraft zu erzeugen, müsste die Radialbeschleunigung der Erdbeschleunigung entsprechen. Eine Raumstation mit einem Durchmesser von 100 Metern müsste sich also innerhalb von etwa 14 Sekunden einmal um ihre eigene Achse drehen, um an ihren äußeren Rändern irdische Verhältnisse zu simulieren. Dies ist technisch natürlich äußerst aufwendig, auch bezüglich der Andockmanöver von Raumschiffen. Trotz der gesundheitlichen Belastungen, die durch die Schwerelosigkeit auf den Raumstationen herrschen, wird u. a. deshalb auf eine künstliche Schwerkraft verzichtet. Außerdem können Experimente durchgeführt werden, für die eben gerade der Zustand der Schwerelosigkeit eine Grundvoraussetzung ist.

echter Lebensraum gedacht waren. Die O'Neill-Kolonien sollten die Form einer Kugel oder eines Zylinders haben, mit einer Länge von bis zu 30 Kilometern und einem Durchmesser von bis zu 6,5 Kilometern. Zwischen 100.000 und mehreren Millionen Menschen sollten hier völlig unabhängig von der Erde leben können. Seine bis aufs kleinste Detail ausgearbeiteten Pläne veröffentlichte er 1977 in dem Buch *The High Frontier: Human Colonies in Space.* O'Neill und seine Anhänger verbreiteten sogar die Ansicht, dass ein Umzug ins All nicht mehr fern sei, und stellten entsprechende Zeitpläne und Kostenvoranschläge auf, die jedoch nach heutigen Einschätzungen undurchführbar sind bzw. um das 100- bis 1000-Fache höher liegen würden. 1975 entwickelte auch Donald Davis seinen gewaltigen radförmigen

„Stanford-Torus" von Donald Davis

„Stanford-Torus", eines der bekanntesten Modelle einer Weltraumkolonie.

Der Fantasie sind hier kaum Grenzen gesetzt, und Dinge, die einem unvoreingenommenen Betrachter wie ein Einfall aus einem Science-Fiction-Roman erscheinen, werden tatsächlich von seriösen Wissenschaftlern auf ihre Machbarkeit hin überprüft. Als Beispiel sei hier nur die Idee Freeman Dysons, eines Physikers von der Princeton-Universität, genannt, Kometen mit speziell gezüchteten Bäumen zu bepflanzen, um so die auf ihm reisenden Menschen mit Sauerstoff und Lebensmitteln zu versorgen. Tatsächlich sind Experten im Auftrag der NASA im Moment dabei, Pflanzen genetisch zu manipulieren, um sie für die Besiedlung des Mars und für mehrjährige Weltraumreisen tauglich zu machen.

Eine weitere Idee sind gewaltige „Generationenraumschiffe", die über Jahrhunderte den Weltraum durchforschen sollen. Wann oder ob eine dieser Ideen wirklich in die Tat umgesetzt werden kann, ist heute noch nicht absehbar.

Zurück auf den Mond

Seit einigen Jahren erfährt der Gedanke an eine Wiederaufnahme bemannter Flüge auf den Mond eine internationale Renaissance. Wissenschaftlich gesehen waren die Apollomissionen nur von äußerst dürftigem Erfolg, doch ist es nicht nur das Interesse an neuen Erkenntnissen über den Erdtrabanten, das Wissenschaftler auf der ganzen Welt dazu bringt, über eine bemannte Forschungsstation auf dem Mond nachzudenken. Vielmehr sind es die Möglichkeiten für die weitere Erforschung des Weltraums, die für den Bau einer derartigen Station sprechen, da der Mond als Ausgangspunkt für zukünftige Weltraummissionen ideal wäre.

Weltraumstation auf dem Mond

Weltraumtourismus

In Anbetracht der hohen Kosten, die jede Raumfahrtmission verursacht, ist man in der russischen Raumfahrtbehörde dazu übergegangen, ab und zu gegen eine entsprechende Bezahlung auch einen Passagier mit auf die Internationale Raumstation zu nehmen. Der erste Weltraumtourist war am 28. April 2001 der US-Geschäftsmann Dennis Tito (*1940), der sich mit dem Flug zur Internationalen Raumstation ISS einen Jugendtraum erfüllte und bereit war, dafür 20 Millionen US-Dollar zu bezahlen. Es folgten seitdem Mark Shuttleworth (*1973), Gregory Olsen (*1945), Anousheh Ansari (*1966, die erste weibliche Weltraumtouristin), Charles Simonyi (*1948) und Richard Garriott (*1961). Simonyi ist der Erste, der zweimal in den Weltraum aufbrach und am 26. März 2009 zum zweiten Mal zur ISS flog.

Dennis Tito, der erste Weltraumtourist

Simonyis Flug wird allerdings der letzte für mindestens die nächsten fünf oder sechs Jahre sein, da die Besatzung der ISS verdoppelt werden soll und deshalb alle drei Plät-

ze in den Sojustransportern künftig für Besatzungsmitglieder benötigt werden.
Weltraumtourismus in bescheidenerer Form soll es allerdings bald schon für Hunderte von Passagieren geben. Einmal die Erde von oben sehen – wem dieser Traum 200.000 Dollar wert ist, der kann ihn sich wohl bald schon erfüllen. Denn im kommenden Jahr will das private Unternehmen Virgin Galactic die ersten zahlungskräftigen Kunden an den Rand des Weltalls bringen. Die „Reise" wird allerdings nur zweieinhalb Stunden dauern. Das Trägerflugzeug „White Knight Two" wird das „Space Ship Two" zu einem Suborbitalflug in eine Höhe von 110 Kilometern bringen. Dann werden die Triebwerke abgeschaltet. Fünf Minuten lang werden die Passagiere das ungewohnte Gefühl der Schwerelosigkeit auskosten können, bevor das Raumschiff abgebremst und wieder auf die Erde zurückgebracht wird.

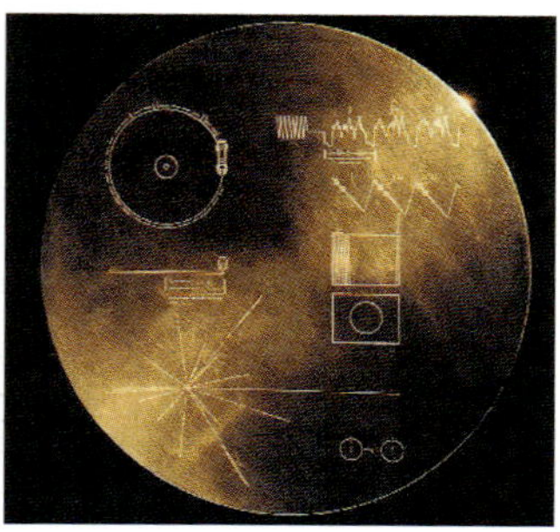

Voyager Golden Record mit Symbolnachrichten sowie Bild- und Audioinformationen für außerirdische Lebensformen an Bord der Voyagerraumsonden

Auch eine Deutsche, die 31-jährige Sonja Rohde, wird neben dem Physiker Stephen Hawking unter den ersten Passagieren sein und sich damit einen Kindheitstraum erfüllen. Weltweit haben sich bereits mehr als 250 Interessenten angemeldet.

Die Suche nach außerirdischer Intelligenz

Eine der wichtigsten Fragen bei der Erforschung des Weltraums ist für viele Menschen die Frage nach dem Vorhandensein anderer intelligenter Lebensformen. Bisher deutet nichts darauf hin, dass wir allzu bald auf derartige Lebensformen treffen werden, denn seit Jahrzehnten verhallen die Signale, die als Grußbotschaften in den Weltraum hinausgesendet werden, ohne Antwort in den Weiten des Alls. Dennoch beschäftigt sich ein ganzer Wissenschaftszweig mit dieser Frage: die SETI-Forschung („Search for Extra-Terrestrial Intelligence"). Einer der führenden Männer ist seit dem Ende der 1970er-Jahre Paul Horowitz (*1942) von der Harvard-Universität in Massachusetts.
Die ersten Versuche, Radiosignale

aus dem Weltall zu empfangen, machte der italienische Physiknobelpreisträger Guglielmo Marconi (1874–1937), der als Pionier der drahtlosen Kommunikation gilt. 1919 behauptete er sogar, Signale von Außerirdischen empfangen zu haben, was er allerdings nicht belegen konnte. Das erste moderne SETI-Experiment wurde 1960 von Frank Drake (*1930), der seit 1965 Direktor des Arecibo-Observatoriums in Puerto Rico und seit 1984 Präsident des von ihm selbst gegründeten, privaten und gemeinnützigen SETI-Instituts im kalifornischen Mountain View ist, mithilfe des Green-Bank-Teleskops in West Virginia unternommen. Er hatte schon früh erkannt, dass die Radioastronomie ein Erfolg versprechender Weg sein könnte, um intelligentes Leben in anderen Galaxien aufzuspüren. Die erste Konferenz zum Thema „außerirdische Intelligenz" fand bereits ein Jahr später statt, und auch die Sowjetunion startete 1964 ein derartiges Suchprogramm. Auch die NASA beteiligte sich an den Kosten der SETI-Forschung. Eines der bekanntesten Bücher zu diesem Thema ist das 1966 erschienene *Intelligent Life in the Universe* von Carl Sagan und Iosif S. Shkolovskii.

1974 wurde mit dem Areciboteleskop, dem größten Radioteleskop der Welt, die bisher stärkste Nachricht an außerirdische Lebewesen in den Weltraum gesendet. Ihr Ziel ist der Kugelsternhaufen M 13 im Sternbild Herkules, wo die Nachricht in etwa 21.000 Jahren eintreffen wird. Die knapp drei Minuten lange Nachricht zeigt u. a. Symbole des Areciboteleskops, unseres Sonnensystems, ein Strichmännchen, die DNA-Erbsubstanz und andere Bausteine des irdischen Lebens. Dies war die letzte Sendung, die von einer offiziellen Stelle ins All gesendet wurde. Seither konzentriert man sich vollständig auf den Empfang von außerirdischen Signalen, was allerdings durch die kontinuierliche Flut der Signale aus den Radio- und Fernsehsendungen stark behindert wird.

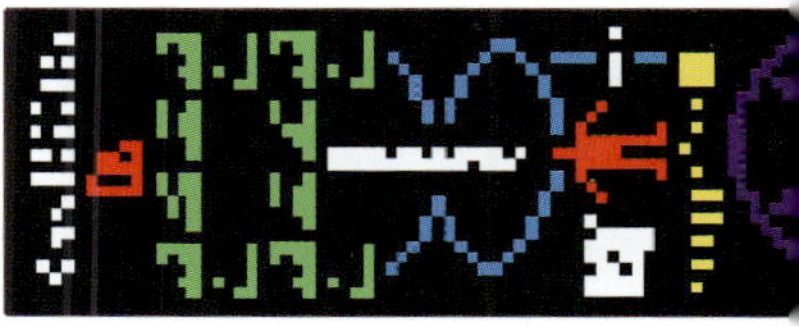

Die Arecibo-Nachricht

Seit 1978 wird SETI von der Harvard-Universität unterstützt, zurzeit mit den Projekten BETA (Billion channel Extra Terrestrial Assay) und Optical SETI. Weitere Unterstützung erhält SETI von der Berkeley-Universität in Kalifornien. Die Beobachtungen mit den Radioteleskopen für das SETI-Programm werden dabei meist „piggyback" durchgeführt, d. h.

parallel zu anderen astronomischen Beobachtungsprogrammen, wodurch einerseits viel Geld gespart wird und andererseits den anderen astronomischen Projekten keine Beobachtungszeit verloren geht. Gerade die Kostenfrage ist ein großes Problem für SETI, vor allem seitdem der Kongress 1993 im Rahmen seiner Sparmaßnahmen das SETI-Programm aus dem NASA-Budget gestrichen hat. Seitdem müssen Projekte wie das Phoenixprogramm, der bisher größte „Lauschangriff" auf den Weltraum, bei dem seit 1995 von den USA, Australien und Großbritannien aus ein Gebiet von 1000 sonnenähnlichen Sternen im Frequenzbereich von 1 bis 3 Gigahertz abgehört wird, aus privaten Mitteln finanziert werden.

Bis heute konnte jedoch noch kein einziges künstliches Signal identifiziert werden, das nicht anthropogenen Ursprungs ist, was allerdings in Anbetracht der zu untersuchenden Anzahl von Sternen und Wellenlängen nicht weiter verwunderlich ist. Die Wahrscheinlichkeit, dass irgendwo im Universum auch noch andere intelligente Lebensformen existieren, ist relativ hoch. Eine Kontaktaufnahme ist aber wohl nur dann möglich oder überhaupt sinnvoll, wenn sich der potenzielle „Gesprächspartner" wenigstens innerhalb des Milchstraßensystems befindet. Denn aufgrund der riesigen Entfernungen zwischen den Sternen würde bereits ein Radiosignal an unseren Nachbarstern 4,5 Jahre unterwegs sein.

? Schon gewusst?

Wer sich selbst an der Suche nach außerirdischer Intelligenz beteiligen will, kann dies im Rahmen des SERENDIP-Programms von SETI tun. Die Menge an Daten, die ununterbrochen aus dem Weltall eintrifft, ist so groß, dass die SETI, zur Verfügung stehenden Rechnerkapazitäten für deren Bearbeitung bei Weitem nicht ausreichen. Deshalb versucht SETI, seine Kapazitäten durch private Beteiligung möglichst zu erweitern. Während man seinen Computer nicht benutzt, kann mit dem SETI@home-Screensaver ein Datensatz des Arecibo-Radioteleskops nach künstlichen, nicht anthropogenen Signalen durchsucht werden. Ist eine Einheit verarbeitet, wird diese per Internet nach Berkeley geschickt und gegen eine unbearbeitete ausgetauscht. Dafür wurde eigens die Software BOINC von SETI@home entwickelt. Eine Kontaktaufnahme ist über SETI@home für jedermann möglich. Mehr als fünf Millionen Computerbesitzer in aller Welt beteiligen sich mittlerweile an diesem Projekt.

Register